CEO给年轻人的人生经营课系列

苦难是成功的垫脚石

俞敏洪
给年轻人的8堂人生哲学课

杨晨烁◎编著

海天出版社（中国·深圳）

图书在版编目（CIP）数据

苦难是成功的垫脚石：俞敏洪给年轻人的8堂人生
哲学课 / 杨晨烁编著. — 深圳：海天出版社，2016.4
　（CEO给年轻人的人生经营课系列）
ISBN 978-7-5507-1492-2

Ⅰ.①苦… Ⅱ.①杨… Ⅲ.①人生哲学—通俗读物
Ⅳ.①B821-49

中国版本图书馆CIP数据核字（2015）第257013号

苦难是成功的垫脚石：俞敏洪给年轻人的8堂人生哲学课
KUNAN SHI CHENGGONG DE DIANJIAOSHI: YUMINHONG GEI NIANQINGREN DE 8 TANG RENSHENG ZHEXUEKE

出 品 人　聂雄前
责任编辑　陈　军　张绪华
责任技编　梁立新
封面设计　元明·设计

出版发行　海天出版社
地　　址　深圳市彩田南路海天大厦（518033）
网　　址　www.htph.com.cn
订购电话　0755-83460202（批发）0755-83460239（邮购）
排版制作　深圳市斯迈德设计企划有限公司（0755-83144228）
印　　刷　深圳市希望印务有限公司
开　　本　787mm×1092mm　1/16
印　　张　15
字　　数　167千
版　　次　2016年4月第1版
印　　次　2016年4月第1版
定　　价　39.00元

他是中国知名度最高的教师，他聚起一帮大学好友共同创业的故事，像古典小说一样浪漫。在过去十几年中，凡出国者，几乎都进过他的学校。当他走在哈佛、耶鲁等大学的校园时，每三个中国留学生中至少会有两个人对他说："老师好。"以至于有这样一个评价：他在哈佛和耶鲁的号召力超过了中国任何一位大学校长。俞敏洪又被称为留学的"摆渡人"。俞敏洪还有很多头衔："中国最有钱的教师"、"学生规模最大的校长"、"知识分子成功创业的典范"。

在公众的视野中，俞敏洪是一位十分健谈的长者，他轻松而幽默的谈吐更是为自己赢得了很多青年与当代大学生的青睐，还被誉为当代中国青年大学生和创业者的"心灵导师"和"精神领袖"，而这对俞敏洪来说是一种至高的荣誉，因为自新中国成立以来，还没有哪一位企业家能够拥有像俞敏洪一样的"待遇"。但俞敏洪却做到了，然而就像他创办的新东方一样，很多人都只是看到了俞敏洪和新东方获得的鲜花和掌声，却往往忽略了他为此而付出的艰辛和磨难。

起初他的经历和我们许多人都一样，上学、高考、大学生活、参加工作、结婚生子、挣钱养家……后来他就和我们许多人不一样了，失去工作、失去住所、四处租房、白手起家、半夜贴广告、免费办讲座……所有创业时期的艰辛，俞敏洪一样不差的全经历了，甚至几次与"死神"撞了个满怀。几经周折，几历磨难，他从独自一人在大街小巷贴广告的个体户，变成拥有 2.5 万名员工的上市公司董事长、中国培训界的领军人物。他桃李满天下，学生遍布世界各地；他创造了"新东方"的奇迹，他的学生又在国内外创造着中国奇迹……

从中关村二小一间破旧的临建房起步，新东方已发展成为中国规模最大、最具影响力的民营教育品牌和行业领导者。到今天，新东方尽管不断受到学而思、环球雅思等后起之秀的冲击，但民营第一教育机构的地位仍未遭撼动。

当他带领着一帮文人和他的新东方跨进了纽约证券交易所，这就成了一次开创：中国的教育产业与靠增长数字说话的资本市场的初次对接。在美国人眼里，这也是一个标准的"美国梦"剧本，俞敏洪的开场很完美。

俞敏洪是一名普通的知识分子，却将知识转变成了财富。他扭转了人们多年来对知识狭隘的理解，知识不但是人们进步的阶梯，而且能为人们创造机遇和成就梦想。他一手缔造了中国外语培训的航母——"新东方"，亲自演绎了这个知识王国的神话。

在俞敏洪看来，不管你如何奋斗、如何曲折，怎么失败，哪怕最后这辈子都失败了，但是到了垂暮之年心平气和地面对这个世界，你会发现成功与失败其实并没有什么本质区别。因为，生命的轨迹让大家都归于宁静与祥和。不忘初心、弘扬本心，是俞敏洪的成功之秘诀。

本书结合俞敏洪的传奇经历，深刻剖析在每一个关键时刻，每一个人生的岔路口，他是如何把握的。更为重要的是，本书首次写了他对年 轻人的人生之路的悉心指点。相信你认真阅读这本书，吸收俞敏洪的智慧，可以秒杀在人生路上的各种迷茫，成就一个更好的自己，成为一个离成功最近的人！

今天的俞敏洪对人生的思考更加坦荡，对人生的感悟更加恬淡，他更在意人生的意义、价值和社会责任。本书没有深奥的理论，铅华洗尽、朴实无华，往往在轻描淡写之间，为正在奋斗的年轻人、想要创业的满怀理想的年轻人提供了榜样式的引导。

◎目录

第一章

创业哲学：在绝望中寻找希望

新东方的整个创办过程就是从一点点的希望做起，最后不断扩大希望的过程。请记住：绝望是大山，希望是石头，你只要砍出一块希望的石头，你就有了希望。

苦难是成功的垫脚石

俞敏洪给年轻人的 8 堂人生哲学课

从"绝望"中寻找"希望"

在我们的日常生活中，除非你不去想"希望"和"绝望"这两个词，一旦你想到"希望"和"绝望"这两个词，你想得更多的是你生活中绝望的一面。可以说我们的生活 80% 到 90% 是由绝望组成的，而你保持精神不垮就是要从这种绝望中找到一线希望。

俞敏洪高考考了三年才考上大学。就在准备第三年考大学的时候，俞敏洪的笔记本上出现了这句著名格言——"在绝望中寻找希望，人生终将辉煌"。这次俞敏洪考上了北大。

俞敏洪说："在北大六年没谈恋爱，还得了肺结核，在北大教书，什么成就也没有，接着联系美国学校，三年半没有一个美国大学给我奖学金。最后还被北大加了个一级行政机构处分。"

为了挽救颜面，俞敏洪不得不离开北大，这时俞敏洪突然发现人生带了点走投无路的感觉。生命和前途似乎都到了暗无天日的地步。俞敏洪觉得老天对他是如此的不公正，他自认为他这个人很不错，为什么让他受如此之多的苦难和绝望？但正是这些折磨使俞敏洪找到了新的机会。

1991 年，俞敏洪从北大辞职。很快，学校把分给他的房子收回去了，夫妻俩只好租用农民的平房居住，妻子给房东的孩子做家教抵房租，条件虽然艰苦，但总算有了一个落脚之地。

　　然而，作为一介书生，俞敏洪除了在北大训练出来的一张嘴，别无长物。为了维持生计，俞敏洪放下了北大老师的尊严，骑着自行车，在零下十几度的严寒下沿大街在电线杆子上贴英语培训班招生广告。后来聘请了广告业务员，却发生了业务员被同行刺伤的事件，俞敏洪为此陪警察喝酒，醉得昏迷不醒，被送到医院抢救。醒来后，俞敏洪哭喊着"不干了，再也不干了"。但是，不做英语培训，又能做什么呢？所以，喊过了，哭过了，第二天他仍准时爬起来去上课。

　　1993年正式创办新东方的时候，俞敏洪投入全部积蓄购置设备，贴广告，疏通各种关系，一年十几次和妻子为重新寻找一个住处而奔波。在筋疲力尽中，新东方终于迎来了第一批学生，虽然只有13人，但是这13人给俞敏洪带来了莫大的鼓舞和希望。

　　即使身处困境，生性乐观的俞敏洪仍然善于从中找到一丝亮色，从绝望中寻找希望。比如，在某个冬天停电的晚上，俞敏洪发给每个学生两支蜡烛，灯灭了，蜡烛点燃了，窗外寒星闪烁，教室里烛光摇曳，俞敏洪笑着说："你们看，这样的困难我们根本不怕，只要我们勇敢面对，以后还有什么事情能让我们绝望呢？"

　　"后来我发现，之所以经历这么多的波折，之所以最后去不了美国，是因为冥冥之中有一个新东方学校在等着我。尽管留学失败，我却对出国考试和出国流程了如指掌；尽管没有面子在北大待下去，我反而因此对培训行业越来越熟悉。正是这些，帮助我抓住了个人生命中最大的一次机会：创办了北京新东方学校。"

　　如果当时俞敏洪马上出国的话，他也不会想到去办一个民办学校，俞敏洪说道："可以说我们的生活80%是由不如意和绝望组成的，而你的精神之所以不垮，就是因为在绝望中还保留着希望的种子。"新东方的整个创办过程就是从一点点的希望做起，最后不断扩大希望的过程。

外语考试培训，成了俞敏洪发财的捷径，这多少让人觉得有点儿黑色幽默，而更让人觉得有趣的是俞敏洪本人并非是一个考试天才。这个总是遭遇考试之神嘲弄的人、总和绝望不期而遇的人，在愤怒中和考试较上了劲。他从自己的痛苦中看到了所有想凭考试奋斗成功的人的痛苦，他从这些痛苦中看到了市场、看到了商机。他教给想出国的人考试的技巧，从他们那里得到学费，共同制造了一个巨大的考试蛋糕，并且将它越做越大。

俞敏洪说，新东方是在自己出国梦想的"废墟"上长出的一棵新苗，对一次次绝望境遇的突破令它茁壮。"一个人可以在生命的磨难和失败中成长，正像在腐朽的土壤上可以生长出鲜活的植物。土壤也许腐朽，但它可以为植物提供营养；失败固然可惜，但它可以激发我们的智慧和勇气，进而创造更多的机会。只有当我们能够以平和的心态面对失败和挫折，我们才能有所收获，才能变得成熟。而那些失败和挫折，都将成为生命中的无价之宝，值得我们在记忆深处永远珍藏。"

俞敏洪最经常提到的两个词是"绝望"与"希望"。在我们的日常生活中，除非你不去想"希望"和"绝望"这两个词，一旦你想到"希望"和"绝望"这两个词，你想得更多的是你生活中绝望的一面。可以说我们的生活80%到90%是由绝望组成的，而你保持精神不垮就是要从这种绝望中找到一线希望。

新东方对于经由它的培训而得以出国的无数留学生来说，它是"最后一所母校"、"精神母校"。它不仅教给他们如何应付国外的入学考试，掌握签证的方法，还让他们知道了一种人生的精神："从绝望中寻找希望"——这也是新东方著名的校训，是"新东方精神"中非常重要的组成部分。

后来有学生回忆说："在新东方的生活像牲口一样，但有时候回忆起来，总感到骄傲和力量。"因为新东方的老师，以俞敏洪为代表，不仅教给学生们考试的技巧，同时也言传身教地教给了学生们如何在绝望中求生的精神。

新东方是一个成功，一个奇迹。刚开始，它只是从绝望的大山上砍下的一块希望的石头，后来俞敏洪等创业者以之为基点，逐渐发展壮大，不仅给来求学的学生们以希望，也给了一起创造"新东方"这个梦想的创业者们一个瑰丽的未来。而这些成功故事对于后来者更是一种强烈的暗示，使他们相信：他（俞敏洪）能做到的，我也能！只要心怀希望，就有可能战胜困难，获得人生辉煌。

"从绝望中寻找希望"，乍看起来，太过空泛，表达的既不是一种哲学精神，更不是一种客观真理。随着新东方的日益壮大，新东方一些元老提出，此校训内容已经不适应时代潮流，有必要对它进行修改。但是俞敏洪不同意，他坚持认为"从绝望中寻找希望"体现的就是一种人生哲学，是新东方除了英语学习与应用技能之外，所能传授给学生的最重要的精神启迪，也是新东方之所以能区别于其他竞争对手，一步一步壮大成为中国最大的英语培训机构的真正原因。如果说新东方的成功是一个奇迹，那么这一奇迹就是建立在"绝望"的废墟之上。

俞敏洪认为，新东方的校训永远也不过时！因为绝望不是指经济状况，而是指一种心态，它与财富、国家制度是没有必然联系的。有的人经济状况很好，但是他依然是绝望的，那是因为他没有前途，没有信念，没有对未来的展望。新东方对学员——无论是清贫还是富有——灌输的重要理念都是：要能着眼未来，对未来充满信心，对自己充满自信。一个人更需要的是支撑自己生存的精神支柱，新东方校训提供给学员的便是这方面的指导与暗示。

俞敏洪为这一校训找到了它的坚实而可靠的依据：新东方"从绝望中寻找希望"这句话，跟美国著名的民权运动家马丁·路德·金所说的话是一模一样的，他在《I have a dream》(《我有一个梦想》)的演讲词中有这样一句话，"We will hew out of the mountain of despair a stone of hope（我们从绝望的大山中砍下一块希望的石头）"。绝望是大山，希望是石头，但是只要你能砍下一块希望的石头，你就有了希望。

在马丁·路德·金的时代，直到他被暗杀为止，黑人在美国没有任何社会地位可言，不能与白人同乘一辆车、同在一家餐馆吃饭、同在一家电影院看电影。直到有了诸如马丁·路德·金等革命者的努力和牺牲这种情况才逐步改变。马丁·路德·金用他的鲜血召唤更多的人起来抗争，经过无数次流血、呐喊，黑人在美国社会中终于获得了今天与白人的平等地位。所以，一切的希望刚开始都是从绝望中诞生，并经过努力后最终战胜绝望的。

俞敏洪认为，有一种人的成功能震撼人心，那就是摆脱了身体残疾的绝望而创造出希望奇迹的人。海伦·凯勒从小失聪失明，但最后写出了令人颤抖的美丽文字；贝多芬在失聪之后谱写了第九交响曲；霍金坐在轮椅上通过手指的动作写出了《时间简史》；司马迁在遭受宫刑之后完成了《史记》。这些人的伟大成就没有一个不是在摆脱了身体残疾的绝望之后，放飞了自己强大的精神力量创造出来的。还有中国那些聋哑女孩跳出的《千手观音》，每一个舞蹈动作都牵动着人们对于美丽的神经。"我曾经碰到一个叫左力的浙江学生，从小耳朵就完全听不见，到今天为止这个世界对他来说仍然是一片寂静，但他却通过自己的努力一直读到了大学，而且一直都是好学生，他能够通过阅读老师的嘴唇知道老师在讲什么，他写出来的文字流畅通顺，思想丰富；现在他还准备到国外最好的大学去读书，从唇读中文转向唇读英文。我们拥有正常听力的人都没有把英文听懂学好，面对左力这样的学生，我们除了努力，还有什么好抱怨的呢？"

哪怕是最没有希望的事情，只要有一个勇敢者坚持去做，到最后就会成为希望。俞敏洪还将新东方校训进行了扩展：追求卓越，挑战极限，从绝望中寻找希望，人生终将辉煌！

梦想有多大，事业有多大

作为一个创业者，需要有一种渴望，有一种梦想。创业者必须要有梦想，并且梦想越大越好，因为梦想是创业路上的动力源泉。没有渴望和梦想的日子将使创业者的生命失去活力和勇气。梦想被俞敏洪定义为一种不可阻挡的向往。

俞敏洪表示，如果梦想的定义是对于未来更加美好的生活的一种渴望和追求，那么梦想对于一个人、一个组织、一个民族的重要性不言而喻。一个人没有梦想就没有了生命力，一个组织没有梦想就没有了凝聚力。马丁·路德·金就是用他那篇《I have a dream》的伟大演讲震撼了美国和全世界，终于为美国黑人喊出了自由和平等；海伦·凯勒的一篇《Three days to see》表达了一个盲人希望用自己的双眼看一看这个美好世界的梦想，使得多少人从此无比珍惜身边的一草一木、一丝白云和一缕阳光。

俞敏洪认为，兴趣和喜欢不能成为你做一件事情或进入一个行业的理由，而应该有一个更有力、更伟大的东西在前面引导着你，这就是梦想。当我们拥有梦想的时候，就要拿出勇气和行动来，拨开岁月的迷雾，让生命展现别样的色彩。

人需要有一种渴望，有一种梦想。没有渴望和梦想的日子会让我们的生命失去活力和勇气。有很长一段时间，俞敏洪差一点掉进了安于现状的陷阱里。大学毕业后，俞敏洪留在北大当了老师，收入不高但生活安逸，于是娶妻生子，柴米油盐，日子就这样一天天过去，梦想就这样慢慢消失。直到有一天，俞敏洪回到了家乡，又爬上了那座小山，看着长江从天边滚滚而来，那种越过地平线的渴望被猛然惊醒。于是，俞敏洪下定决心走出北大校园，开始了独立奋斗的历程。

在一次创业大会上，俞敏洪说，作为创业者，你要有梦想，要有志向。当初俞敏洪出去创业为的就是养家糊口。然而，当新东方做到一定程度的时候，俞敏洪的梦想就不仅是赚钱了，他说道："把眼光放到你这个可以看到的圈子外面去，也就是你的目光必须超出你现在所看到的所有的东西，你看到了所有的人，这样的话你才能保证自己的成长和进步，这是一种志向。"

创业者的梦想是不安分的，是高于现实的，需要踮起脚才能够得着，有的时候需要跳起来才能够得着。一个人的梦想有多大，他的事业就会有多大。

俞敏洪说道："如果在当时创业的时候，跟我老婆说，我们赚 30 万，从此就收手不干了。到了 30 万以后，你想 300 万，300 万以后，你想 3000 万。等到你真的把新东方做到 3000 万以后，你想的就已经不是钱了，要不就是关门，要不就是你要做出一个更大的平台，做出更大的平台就不是钱的问题，就是志向的问题，就是到底你想做多大。"

俞敏洪有了把新东方这么一个小小的培训机构做成一个自己个人的梦想和舞台的这样一个想法，才有了他把在国外留学、工作的朋友招回来，组成团队，重新搭建平台，做一些在中国教育史上也许没有人做过的事情。最后才有了把新东方作为一个教育培训机构，带到美国纽约证券交易所上市的前提。

人们热衷于谈论梦想，把它当作一句口头禅，一种对日复一日、枯燥平凡生活的安慰。很多人带着梦想活了一辈子，却从来没有认真地去尝试实现梦想。只有人类能够去梦想，并把梦想变成现实。没有梦想就没有精彩的生活，梦想是人们对未来的向往，它意味着从未体会过的生活，意味着无穷的可能性，意味着意想不到的惊喜，意味着对自己的信心。

俞敏洪有一个学生曾经说，他以后想要走遍全世界，变成像徐霞客、马可·波罗那样的旅行家和冒险家，去感受大海一望无际的壮阔，体会沙漠高低起伏的雄浑，探索落日下尼罗河畔金字塔的奥秘，追寻云雾中喜马拉雅之巅的神圣。但是他说现在还没有钱，要等到成了百万富翁以后再去做这些事情。俞敏洪问了他两个问题：第一个是如果这辈子没有成为百万富翁还去不去旅行？第二个是如果成为百万富翁的时候已经老得走不动路了，还去不去旅行？俞敏洪忠告他，最好的办法是现在就上路，拿根棍子拿只碗，一路要饭也能实现自己的梦想。梦想是不能等待的，尤其不能以实现另外一个条件为前提。很多人正是因为陷入了要做这个就必须先做那个的定势思维，最后一辈子在原地转圈，生活再也没有精彩过。

俞敏洪有这么一个比喻："每一条河流都有自己不同的生命曲线。长江和黄河的曲线，是绝对不一样的。但是每一条河流都有自己的梦想，那就是奔向大海。所以不管黄河是多么的曲折，绕过了多少的障碍；长江拐的弯不如黄河多，但是它冲破了悬崖峭壁，用的方式和黄河是不一样的，最后两者都奔到了大海。当我们遇到困难时，不管是冲过去还是绕过去，只要我们能过去就行。我希望大家能使自己的生命向梦想流过去，像长江、黄河一样流到自己梦想的尽头，进入宽阔的海洋，使自己的生命变得开阔，使自己的事业变得开阔。"

马云也曾说过："作为一个创业者，首先要给自己一个梦想。"1995 年，马云偶然有一次机会到了美国，然后他发现了互联网。马云并不是一个技术人才，他对技术几乎是一窍不通，但他认为这并不重要，他认为创业者重要的是知道自己的梦想是什么。

1995 年马云发现互联网有一天会改变人类，可以影响人类的方方面面，但是谁可以把它改变掉，它到底该怎么样影响人类？这些问题马云在 1995 年没有想清楚，但是隐隐约约感觉到这是将来他想干的。马云当时请了 24 个朋友到他家里，并向大家宣布他准备从大学里辞职，要做一个互联网，叫 Internet。因为自己不懂技术，所以马云花了将近两个小时来说服 24 个人。两个小时以后，大家投票表决，23 个人反对，1 个人支持。但是马云经过一个晚上的思考，第二天早上他决定还是辞职去实现自己的梦想。马云就这样走上了创业之路。

很多年轻人是"晚上想想千条路，早上起来走原路"。晚上出门之前说明天我将干这个事，第二天早上仍旧走自己原来的路线。如果你不去采取行动，不给自己一个实现梦想的机会，你就永远没有机会。

苦难是成功的垫脚石

中国古代著名思想家孟子说过："天将降大任于斯人也，必先苦其心志，劳其筋骨，饿其体肤，空乏其身，行拂乱其所为，所以动心忍性，曾益其所不能。"

这段话的意思是：上天要想把重大的使命交给一个人，必定要困苦他的思想意志，使他的筋骨劳累，使他忍受饥饿，使他身受贫困，拂逆、扰乱他的作为，用来使他内心警觉，性格坚忍，增长他不具备的能力。

巴尔扎克说过："世界上的事情永远不是绝对的，结果完全因人而异。苦难对于天才是一块垫脚石，对于能干的人是一笔财富，对于弱者是万丈深渊。"

"创业就是在苦水里泡"，更有人说"创业就是自讨苦吃"。很多企业家在创业之前，都已经过上了为众多人所羡慕的生活，而他们却毅然放弃了这一切，选择了从零开始的创业之路，正如那首专为创业者所作的歌："那一天，我不得已上路，为不安分的心，为自尊的生存，为自我的证明，路上的心酸，已融进我的眼睛，心灵的困境，已化作我的坚定。"

李嘉诚不是一个天生的幸运儿，他所经历的忧患与苦难，是今天的年轻人所难以想象的，如果说上帝不公，再没有谁受到的不公比李嘉诚更严重了。李嘉诚异于常人之处，不是他所受到的苦难，而是他在苦难之中的顽强奋斗，这是他取得成功的根本原因。

李嘉诚曾回忆道："我自小便很喜欢念书，而且很有上进心。那时候，我就暗暗地发誓，要像父亲一样做一名桃李满天下的教师，但是由于环境的改变，贫困生活迫使我孕育了一股强烈的斗志，就是要赚钱。可以说，我拼命创业的原动力就是随着环境的变迁而来的。

"当我 14 岁的时候，父亲去世，我要肩负家庭的重担，因为我是长子，而父亲并没有留下什么给我们，所以读书是绝对没有可能了。赚钱是迫在眉睫的事。在接下来进入社会开始工作的日子里，我有韧性，能吃苦，因为我不计较个人得失，只是努力工作，努力向上，再加上忠诚可靠，因此一路进步，薪金也一路增加。"

李嘉诚创立长江塑胶厂时，虽然身为老板，李嘉诚仍是当初做推销员时的那种老作风，每天工作 16 个小时，一周工作 7 天。他的时间太紧了，又要省的士费，又要讲究效率，只好疾步如飞，这都是让环境给逼出来的。

中午时，李嘉诚急匆匆地赶回筲箕湾，先检查工人上午的工作，然后跟工人一道吃简单的工作餐。没有餐桌，大家都是蹲在地上，或七零八落找地方坐。

第一批招聘的工人，全是门外汉，过半还是洗脚上田的农民，唯一懂行的塑胶师傅就是老板李嘉诚。机器安装、调试，直到出产品，都是李嘉诚带领工人一道完成的。

晚上，李嘉诚仍有做不完的事：他要做账，要记录推销的情况，规划产品市场区域，还要设计新产品的模型图，安排第二天的生产。

俞敏洪在上大学的时候，曾经骑自行车走遍了半个中国。当时上大学三年级的俞敏洪得了肺结核，住了半年院，出院后离复学还有半年的时间，俞敏洪不知道要干什么，所以就骑自行车到各地旅游。俞敏洪有时候早上爬起来，骑车往前走，走了不到七分之一的路程，就觉得特别累，按照行程表，俞敏洪每天都必须到达一个地方，所以不想骑也得骑。"每次坚持到底的时候就特别自豪。到了一个地方，这个地方的风光、景色就向我迎面扑来，于是鼓励我再向下一个目的地走去。生活总要不断向前追求，不追求，我们的心胸和眼光会变得越来越狭窄，我们会变得越来越无聊和庸俗。"俞敏洪认为，锻炼自己的吃苦精神和耐力，是每一个人成功的必经之路。

创办新东方学校以前，是俞敏洪为别人打工的阶段。在边上冷眼旁观的过程中，俞敏洪发现大量的培训学校对学生的态度、管理和理念上有缺陷。俞敏洪就想，如果我来管的话，会对学生们什么态度？观察、积累到一定时候，1993年，俞敏洪开始进行实践操作，看看自己有没有把一个学校办起来的能力。

当时规定，有副高级以上职称才可申请办学的营业执照，俞敏洪当时仅是个讲师。海淀区教育局的工作人员便给他出了个主意，"让我找个北大副教授领执照，我只管干。我感觉实际上不行：第一，我在外面代课，北大说我影响正常教学；第二，我挂在别人门下，干得好了，算谁的？副教授会不会承认我，要干就自己干。今天回头看也是对的。"

当时俞敏洪一个人奔忙于海淀教育局和自己的家庭之间，为了金钱，为了家庭的生计，也为了自己朦胧的未来奋斗着。俞敏洪每天陪着海淀区教育局的人喝茶，喝了两三个月，人喝熟了。俞敏洪说，自己比较谦虚、诚恳，他们也看出自己是想做点事，不是在胡闹，就同意了。但给了半年的学校试办期，半年内出一点差错，就吊销执照。1993年，俞敏洪就找了几间旧房，创办了北京新东方学校。俞敏洪的老婆也加盟办学，从十几个学生开始，踏上了创业之路。俞敏洪用自己的亲身经历告诉创业者，在中国就这样，很多事，本来可以办但就是办不成，有些事看似办不成，其实能办，这就是社会。

这个阶段可以说是个体户奋斗阶段，一直奋斗到1995年年底。这个阶段对俞敏洪的最大挑战在于他不再仅仅是一个教书匠了，俞敏洪面临好多自己没有办法解决的问题。比如说，跟政府各界领导打交道的问题，治安、卫生、环卫等等。当俞敏洪面对这些公务员的时候，就不知所措。"我知道学生心里在想什么，但我很难知道这些公务员心里在想什么。这个打交道的过程和办学是两码事，所以我经历了很长一段时间的痛苦。同时，后勤'行政'管理又变成一个我自己必须管，管到最后发现自己是没有管后勤行政能力的人，常常是这个教室停电，那个教室又资料不够了，自己东奔西跑，穷于应付。"

俞敏洪刚开始创办新东方的时候觉得很难为情，为什么呢？因为他穿着破军大衣，到北大校园去贴广告。"结果学生看到我以后，那是一副什么悲惨的样儿？而我自己，原来我是穿得西装革履，风度翩翩走进教室给北大学生上课的，但是，我要没有经历过那样一个关口，我就没有创业的心态，我就不会把北大老师的面子拿掉。"你有不能忍受的事情，但是你不得不忍受，而不忍受就不可能成功。

俞敏洪终归是俞敏洪，带着农村孩子普遍都有的坚韧和吃苦的精神，并且善于从绝望中找到希望，一直在坚持着。到 1995 年年底，新东方学生已经有一万五千人了。教学方面在蓬勃发展。俞敏洪深感自己一个人的力量实在有限，太苦又太累。俞敏洪面临选择，要么把新东方关掉，要么就是把新东方做大，最后俞敏洪选择把新东方做大。他去了一趟美国，把王强、徐小平等人请了回来。

俞敏洪说："一路走来，我这个创业的过程挺不容易的，人生就是这样的，你不受这个苦，就会受那个苦。所以我有一个理念，人生来就是苦的。一个人如果从苦中能找到快乐和幸福，那么他就是幸运的。如果人生来认为自己就应该是幸福的，那他一辈子会更加苦，因为这样的人总能碰到更多的烦恼。如果你认为生下来就是为了迎接痛苦和烦恼的，那么你做任何事情有痛苦和烦恼，你都会心安理得，坦然面对。因为你知道，你做这件事情有痛苦和烦恼，你不做这件事情，另外的痛苦、烦恼一定是一样的。因为我分析了我周围所有认识的人及他们的生活。凡是我深刻理解过的，发现每个人心中几乎都有等量的痛苦和烦恼。我说的就是每个人生活中都在各种场合遇到过绝境，感情上的痛苦、烦恼，都有精神上扛不过的时候，几乎任何人都有。"

"有人说我的命特别好，一做就做成上市公司，一下子就成为亿万富翁，但说真的，我觉得自己的命特别不好，真苦。当吃苦成为你每天的必修功课，成功便离你不远了。"

美国诗人罗伯特·弗罗斯特曾经写过一首诗叫做《未选择的路》，其中一段的大意是：林子里出现两条道路，一条是平坦大道，还有一条是曲折小道，选择了曲折的小道，从此，人生便与众不同。

没有困难是不可克服的

人的一生都会遇到或多或少的波折。顺境也罢、逆境也罢，只是每个人面对困难，所持有的态度和心理承受力不同而已。遇到困难，有的人选择了绕道而行，而有的人却选择去面对困难、去克服困难。第二种人虽然很难做，可他比第一种人收获的却多得多。绕道的人就不会做出伟大的事来，因为一点困难他都不敢面对，还如何面对人生中更大的困难，那时一选择绕道了要损失很多很多。而去面对、克服困难的人解决了困难，当然一分付出就有一分收获，所以他得到了成功的喜悦和许多知识。

李白在《行路难》中写道："行路难，行路难，多歧路，今安在？"这也是如今多数创业者遇到的困难的写照，只有勇敢地面对种种困难，便会"长风破浪会有时，直挂云帆济沧海"。

阿里巴巴董事局主席马云曾说过："对所有创业者来说，永远告诉自己一句话：从创业的第一天起，你每天要面对的是困难和失败，而不是成功。我最困难的时候还没有到，但有一天一定会到。困难不能躲避，不能让别人替你去扛……任何困难都必须你自己去面对。创业者就是面对困难。"创业的过程总是和困难相伴随的，关键是应对困难的心态。

"新东方的发展并不是一帆风顺"，正如俞敏洪自己所说，有很多困境都曾经让他想到过放弃，但正是一步步跨越了困难，才有了今天的新东方，"当你看到未来有困难的时候，先去想困难的话，你会觉得困难会很大，也许你就放弃了，就不想干了，因此你就可能会在生命中失去一次精彩机会。到今天我还能够继续做新东方，而且做得很不错，是因为我后来学会了一个本领，就是我会把任何的大困难都当作提供另外一次最好机遇的机会，把任何一次失败都当成未来更大成功的机会。"

俞敏洪在《赢在中国》栏目中点评一位选手时说道："勇敢地面对任何困境，保持乐观的心态，并且坚持到底。态度决定一切，也决定了最终的结局。"

任何事情都是不断努力的结果，当你碰到困难的时候，不要把它想象成不可克服的困难。在这个世界上没有困难是不可克服的，只要你勇于去克服它！俞敏洪刚开始做新东方的时候，碰到任何难以对付的人，难以对付的事情，他都会转头逃跑，因为俞敏洪觉得这个事情太难做了，所以就不做了。"结果，最后越做越糟糕，越做越有新东方要关门的感觉。后来我发现这样不行，只有死路一条，后来我开始调整自己的心态。就开始觉得有这样一种心态，前面有障碍，我开始想象我克服这个障碍之后的快乐，而不是想象这个障碍本身给我带来的痛苦。"俞敏洪认为，一旦一想到你克服这个障碍以后的快乐你就会勇敢往前走。结果发现 99% 的困难你都能克服。一旦克服了，你就会有更多的勇气和更多的快乐，那么你就会愿意去克服下一个障碍。

人们在创业前一般都会做好充分的思想准备，提前设想好将会遇到的各种困难，但只有真正创业之后才会发现，实际中遇到的困难比自己所能想到的最糟糕的状况还要糟糕十倍。

创业过程中有一些困难还可以和学生们一起克服，然而很多时候，俞敏洪不得不独自面对一些困难。在 1993 年冬天新东方成立的时候，俞敏洪自己拎着糨糊桶在零下十几度的时候去贴广告，把糨糊刷在柱子上，广告还没有贴上去，糨糊就变成冰了。更要命的是，当新东方在 1994 年有一点发展的时候，就跟别的单位产生了竞争，一有竞争，就产生了麻烦。"比如说新东方广告员拿广告去贴的时候，别的培训部就有人拿刀子在等着你，说你敢贴我就敢捅了你，新东方的广告员是被人捅过的，进医院缝了好几针。我当时花了很多时间，找公安管理部门跟他们协商，最后终于跟他们变成了朋友。这个协商、磋商的过程就是学习的过程，深入中国社会的过程，理解中国社会的过程，并且知道将来怎样面对中国社会的过程。我最喜欢的是教书，但是假如说只是教书，别的都不去做，新东方也不会有发展。所以任何事情都是你不断努力去做的结果，当你碰到困难的时候，你不要把它想象成不可克服的困难。在这个世界上没有任何困难是不可克服的，只要你勇于去克服它。"

俞敏洪创业过程中遇到的那些困难，都是俞敏洪以前在北大教书时想都没想到的，如今全都发生了。俞敏洪也曾一筹莫展，但最终只能开动脑筋，在生活中一点一滴地学习：怎样营销自己和自己的产品、怎样去辨识各个地方和部门的潜规则、怎样与各种人打交道……

新东方做大了，俞敏洪认为自己所面对的困难反而越来越多了。像所有处于快速成长期的民营企业一样，新东方在发展的过程中也遇到了一次次人事危机。2001 年 8 月，新东方三位元老之一的王强决定出走。庆幸的是，在俞敏洪的极力挽留之下，王强最终没有离开。

2003 年，北京新东方学校另一位副校长、著名 TSE（英语口语测试）教学专家杜子华离开了管理层。2004 年，新东方的另外两名干将——江博和胡敏也低调离开了。在经历各种困难的过程中，俞敏洪和其他的管理人员认识到规范化制度的重要，2006 年，新东方海外上市，在某种程度上来说是新东方谋求改革主动走出的关键一步。随着企业越做越大，俞敏洪所遇到的困难也必将越来越多。

对于新东方精神"追求卓越，挑战极限，在绝望中寻找希望，人生终将辉煌"，俞敏洪说道：

"联系新东方的任何一个故事、任何一个阶段，这句话一点都不空洞。如果你去问学生在新东方学到了什么，他们一般都会说，他们学到了新东方艰苦奋斗、面对困难不屈服的精神。在他们遇到困难的一段时间，听了我的几句话就挺过去了。"

从一个农村孩子到一名英文教师；从自己出国数次遭拒到帮助无数人出国；从被北大开除的教师到一名校长；从曾经拎着糨糊桶在电线杆上刷小广告，到如今操盘一个分支机构遍布全国的集团公司，然后将它做上了纽约证券交易所……俞敏洪仍然相信困难和痛苦将无穷无尽，自己只有积极面对。

2006 年，新东方已经取得了很大的成功，但俞敏洪说："现在新东方做大了，我自己所面对的困难反而越来越多了，有些困难是因为中国的客观现实造成的，而另一些困难的存在完全是因为我的无能和性格缺陷所致。放眼看去，我开始明白，只要新东方存在着、发展着，我所面临的困难和痛苦就会永远存在，无穷无尽。多少次痛苦万分时，我下定决心要放弃新东方，希望离新东方越远越好；多少次在我离开新东方一段时间后，又对它如此魂牵梦萦、日夜思念，只要听不到新东方的消息，我就茶饭不思，坐立不安。"

忍受孤独、失败与屈辱

忍受孤独是创业成功者的必经之路；忍受失败是重新振作的力量源泉；忍受屈辱是成就大业的必然前提。忍受能力，在某种意义上构成了你背后的巨大动力，也是你成功的必然要素。

忍受孤独

阿里巴巴的创始人马云曾这样说过："创业是孤独寂寞的，要用左手温暖右手。"雅虎联合创始人兼 CEO 杨致远也表示，担任雅虎 CEO 其实是一项非常"孤独的工作"，自己经常被迫做出重要决定。

俞敏洪认为，因为在你成功以前，你永远是孤单的，没有人能帮得上你，God only help those who help themselves（天助自助者）。所以，人永远是孤单地在奋斗，不管有多少人在你的身边，你要想真正达到成功，关键还是靠你自己。

创业之初的俞敏洪经常一个人满大街贴招生广告。冬天实在冷得受不了的时候，他就掏出揣在怀里的二锅头喝上一口。

1995 年，在新东方做大的同时，俞敏洪也感到了内心的孤单，于是去美国找到了志同道合的朋友跟他一起创业。

正如盛大 CEO 陈天桥所说："真正的创业者内心都是孤独的，时刻面临着不被理解的痛苦。"

忍受失败

如果我们想要在创业中获得成功，失败就是不可避免的。然而，我们很多人在遇到失败的时候，都不知道如何去战胜它，只好停滞不前。成功人士和平庸的人的区别就在于他们战胜失败的能力。

曾任美国总统的林肯一生遭遇过无数次挫折、失败的打击，但是他英勇卓绝，奋斗不息。从 31 岁开始，林肯经历了失业、经商破产、丧妻、患重病，多次竞选议员失败等，最终在他 60 岁的时候，终于当上了美国总统。他从众多的挫折失败中走出来靠的就是自信心和抗击挫折的能力。

俞敏洪指出，创业者要能够经受得住失败，并且能从失败中奋进。因为我们生活中失败为多，胜利为少，你行动九次，大概六到七次是失败的。因此，别为失败找理由，所谓的外在理由都是为自己寻找逃脱责任的借口。

要能够经受得住失败，并且从失败中学会奋进。新东方学校副校长徐小平原来是学音乐的，英语水平并不是很高，所以他考TOEFL考了三次，第一次是500多分，第二次还是500多分，但是第三次就考了600多分，最后终于到美国深造去了。如果仅因为一次失败就不能承受这次失败所带来的压力，那么这个人也就完蛋了。因为一个人生活中通常失败为多，成功为少。每次行动都成功的人并不多。但每一次失败都是后一次成功的基础。诸葛亮打仗的时候更多的是失败而不是胜利，但他却一如既往地鞠躬尽瘁、死而后已。这是因为他有精神支柱，他想把蜀国治理好，不辜负刘备的希望。

俞敏洪很佩服史玉柱："他的珠海集团曾经败得一塌糊涂，现在他又爬起来了，变成中国最有钱的人之一，他摔倒再爬起来的例子可以作为我们的榜样，激励一代代的年轻人。其实失败真的不算一回事，你摔倒一万次，只要你一万零一次敢于站起来，就不是失败，你摔倒十次，你第十一次趴在地上起不来了，你就是一个失败者。"

俞敏洪指出，经历过一次创业失败就不再继续创业了，那是远远不够的。任何时候都要勇敢地追求，追求不会有多大的损失，不追求损失就大了。想想看，创业之初本来就是一无所有，就算你创业失败一百次，你不还是一无所有？创业应该有一个心理预期，预料到可能产生的悲惨结局，然后进行系统性评估，把最惨的结局想清楚了，就算真的到了那个局面，也不会害怕了。创业可以不成功，但是要输得起，这是一个重要前提。

很多创业者失败以后常常找外在的理由：失败是因为没有投资

者，失败是因为中国整个的创业环境不好等等。所谓的外在理由都是为自己寻找逃脱责任的借口。

俞敏洪表示，如果创业者失败了，没有任何外在的理由，一切的失败都应该归咎于你自己。"如果你说中国社会不行的话，那为什么在你身边的很多人都能成功，而你不能成功呢？从某种意义上说，这个社会对所有的人都是公平的。尽管机会面前人人平等，但是，抓住机会的能力是不一样的。如果你失败了，其根本原因在你本身。任何寻找外在理由来为自己开脱的人都是愚蠢的；任何失败的原因都必须从自己身上去寻找。"

任何一次失败和痛苦都可能是创业者遇到的最好的机会，都有可能教给创业者真正的智慧，这要看创业者怎么看待失败和痛苦。有的创业者失败以后从此一蹶不振，有的创业者失败以后变得更加伟大，这就是因为不同的人看事情的角度不一样。当你从积极的角度看事情的时候，你的心态就是积极的。俞敏洪的态度是，不管是快乐的事情还是痛苦的事情，都是生命中珍贵的礼物，都需要用心去珍惜，并用积极的心态去对待，因为这些都是在等待时机和追求成功的过程中必然要经历的。

忍受屈辱

韩信之所以能够成就最后的大业就是因为他有忍受屈辱的能力。当时他是不得不钻裤裆的，如果不钻，他只有两个结果，一个是他被那个人杀掉了，从此没有韩信了；一个就是他把那个人杀掉了，他赢得了暂时的胜利，但从此也没有了韩信，因为他杀人了，杀人者偿命。所以从此历史上不会有韩信这个人。他之所以能作为忍辱负重而成大业的形象千古流传，就是因为他钻了裤裆。

俞敏洪说："我当然不是鼓励大家去钻裤裆，如果你只是为了钻裤裆而钻裤裆，那你就成了一个马屁精，那就不是人了。你在钻裤裆的同时你的眼睛是看着未来的，你心中有着远大的目标，有了这种目标以后，忍受暂时的苦难和屈辱是无关紧要的。"

在成功之前必须忍受屈辱。古今中外这方面的人物事迹不在少数，然而，在屈辱背后，却有着远大的目标。司马迁忍宫刑之耻，方有"史家之绝唱、无韵之离骚"；勾践卧薪尝胆，十年如一日，最后终成复国大计。

1990 年秋天的一个傍晚，外面下着雨，王强到俞敏洪家喝啤酒。北大的高音大喇叭正在广播。"你听你听，老俞，在说你呢！"王强大呼。果然，广播里面在说俞敏洪如何如何。那是北大对英语系教师俞敏洪的处分决定。处分突然袭来，方式和程度如此激烈，这么侮辱的方式，俞敏洪事先不知道，没有思想准备。

俞敏洪没有丝毫准备，因为校方在做出处分的决定之前并没有事先和俞敏洪沟通。这样严厉的突然的公开批评，如一道惊雷，炸得俞敏洪措手不及、惊慌无助。

这个处分决定被大喇叭连播三天，北大有线电视台连播半个月，处分布告在北大著名的三角地橱窗里锁了一个半月。北大的三角地，是北大仅次于博雅塔、未名湖的一道著名的景观。三角地是北大的信息流动的中心地带，所有学生举办的露天的小活动也多在此开展，各种各样的讲座信息和广告信息都在此发布，每一个北大学子都不会陌生。

俞敏洪事后说，北大的传统是处理教师不张榜公布，意在维护老师在学生心目中的地位。因此当他再一次走进教室，看到学生的目光时就知道，自己非离开不可了。

为了挽回颜面，1991年9月，俞敏洪做了一个令家人和朋友都十分意外的决定——辞职，放弃北大。

UT斯达康公司创始人吴鹰也说过："今天的一切，都源于我在美国受过的屈辱。"1985年，吴鹰考入新泽西州理工学院攻读硕士学位。当时他怀揣30美元登上了飞机。刚走出机场，一个募捐的美国女孩就向他展示了一张照片，要求捐助非洲儿童。吴鹰掏出几十美分，女孩却挡住了他的手。"对不起，募捐的最低标准是2美元。""原来你不是日本人啊。"女孩不屑地说道，然后转身就走。吴鹰感觉受到了侮辱。他追上女孩，掏出两美元投入募捐箱。"不错，我是中国人，但我告诉你，中国人更有爱心。"

如果你想在这个世界上活得更加幸福，如果你想在这个世界上变得使自己更加有尊严，你就必须去做，你就应该明白什么时候该忍受，什么时候该等待，什么时候该伸张正义。

成长秘诀：痞子的精神

万通董事局主席冯仑的著作《野蛮成长》中对于中国民营企业成长状态的描述是："其实我更喜欢用疯长的野草来形容，我喜欢那种状态，如野草般强韧，疯狂地成长，恣意地蔓延，霸气地扩张，好不快慰！"这种疯狂成长的背后，是被压抑的激情和喷涌的生命力，表现出一种不瞻前顾后，无知无畏的痞子精神。

冯仑是俞敏洪的好朋友，他评价新东方时说道："新东方的成长秘诀：三流文人＋痞子精神。"

对于冯仑的评价，俞敏洪笑说那不光是指新东方，任何做成事情的人都必须这样。如果是一流文人，早就搞学问去了。"不能说我就是这样，但是这个意思我懂。"

武汉新东方校长李杜曾经如此评价俞敏洪以及新东方："老俞其人，北大教师出身，跻身三流文人之列，由三流文人用痞子精神创立的小型学校，不见得逊色于森严体制下的巍峨'大'学。那里的'大'仅仅指代校园、教学楼、扩招人数，与兼容并蓄、自由广博完全无涉。"

痞子精神，指无知无畏的精神。俞敏洪的同事、新东方的李杜讲得幽默而到位："老俞被北大处分，作为三流文人，既想保留文人的体面，又缺乏一流文人的风骨，不敢自沉未名湖。于是退而求其次，唯有辞职，落草为寇。此谓置之死地而后生。"俞敏洪的"痞"是一种被逼无奈后显出的狠劲。"京城名痞"王朔说，"痞子坦荡荡，老师常戚戚。"不管怎样，教师、痞子和商人，风马牛不相及的名词，就这样被搅和在了一起。

当初俞敏洪之所以选择在北大教书，除了北大有他向往的自由精神之外，还有一个原因，那就是对中国这个社会比较害怕，因为他从来没有到社会上摸爬滚打过，他不知道走进社会以后怎么样来梳理这个社会。

然而当俞敏洪在北大教书六七年，甚至想把终身都献给北大的时候，他却被北大踢出了象牙塔，不得不在社会上谋求生路。俞敏洪说："北大踹了我一脚。当时我充满了怨恨，现在充满了感激。如果一直混下去，现在可能是北大英语系的一个副教授。"

不愿甚至不屑从事具体工作，总会沉醉于自己的理想世界之中，是人们对于文人的印象。文人似乎拥有较高的智商，但情商却很低，而文人欲从商，先过这一关，必须将智商和情商完美结合。

在 20 世纪 90 年代初，文人对商业的认识往往是两眼一抹黑，而且当时的市场环境也远不如今天规范。办企业，求生存，图发展，就意味着必须要跟社会方方面面的人打交道。对于直接从北大象牙塔走出来，社会经验基本为零的俞敏洪来说，这无疑是一堵迈不过的墙。

由于中国社会的特殊性，再加上中国社会五千年文明的复杂性，以及中国在表面的规则下充满了潜规则，一个人要想深刻理解中国社会是很艰难的。所谓的潜规则就是没法用文字来表述，但是人们期盼你到了某个场合、某个场景就必须那样做的种种社会陋习。比如说你到一个地方去当官，人们就期待你请客吃饭，你到了当地，必须拜访各种地方名流和官吏，但是这种期盼并没有写成文字，只是在人们的心里。当你的行为不符合人们的期盼的时候，你就违反了社会的潜规则。

由于中国社会文明发展了几千年，所以潜规则的复杂性远远超过了表面的游戏规则。一个人要想在社会上生存并且得到机会，那么他就必须同时了解潜规则和表面的游戏规则，这对于任何一个人来说都是非常艰难的过程。

与各种职能部门打交道的过程和办学是两码事，曾经让俞敏洪经历了很长一段时间的痛苦。文人从商最大的难处，俞敏洪认为是，改变原有的价值观，摆脱文人处事酸溜溜的作风，不要对别人对自己的评价太敏感。如果一个人特别在乎别人对自己的评价，生意就做不成。在某种意义上，商人脸皮要厚，因为他要遭受挫折、失败，要被人看不起。

创业起步时，在北京中关村二小一个十平方米、漏风漏雨的违章建筑里，俞敏洪除了一张桌子、一把椅子以及冬天还未刷完小广告就结冰的糨糊桶，什么也没有。当时是每天早上刷广告，下午，俞敏洪夫妇俩就在办公室虔诚守候，盼望着来报名的学生。

俞敏洪在办公室守了一个多星期。人来了不少，但是都看看四周，看看报名册，然后又走了，任凭俞敏洪好说歹说，只有 3 个学生报了名。原来人们有一种从众心理，当时俞敏洪的教学环境并不好，而且报名册上几乎没什么人，人们心存怀疑，自然不会将钱顺利交到俞敏洪的手里。

为了赢得学员的信任，俞敏洪不得不"违心"地在托福、GRE 所有报名册上各填了 30 个假名字，以招揽那些对他将信将疑的学员到他的学校来。俞敏洪这招果然很灵验，报名的人逐渐变多。可以看出俞敏洪当年还是有一定的商业头脑的。

"刚开始学生来的时候我分成很多班，招生的时候学生一看到报名册子上面一个人都没有，问问就走了，后来我在每一个班报名册前面写上 30 个假名字，很多人一看已经有 30 个人，我作为第 31 个也没有问题，后来有人问我这个算不算商业欺骗行为，我说不算。我说这只能叫作商业运作。因为后来我们上课的时候学生确实得到实实在在满意的教学质量。"

1992 年的时候，俞敏洪招的学员越来越多，别的培训机构的学员就越来越少。俞敏洪说："大家知道办一个学校涉及很多问题。新东方学校人开始多的时候，员工出去贴广告的时候被人扎了好几刀，结果谁都不敢去贴广告，没有办法，我想如何解决这个问题呢？我当时想的是黑道还是白道，我既不能是黑道也不能是白道，后来想一下还是白道比较好，就是找国家管理机构，我报案以后公安局尽管立案了但是不破案。最后我才知道对方动手早了。最后我不得不去公安局蹲点，看看哪个警察比较善良一点，结果我发现一个警察比较善良，我就跟他讲了新东方的故事。他说看您也不像一个坏人，说这个忙我一定帮，两个星期以后他把他的领导请出来了。我的任务就是请他们吃饭，但是我从来不知道跟社会上人怎么打交道，我从来没有干过社会上的事情，到今天为止我这方面能力还是比较弱，但是相对好一点，比如和不同的人吃饭，我已经会讲不同的话了。"

那时候北京最好的饭馆是"香港美食城"，俞敏洪拿上全部存款，跟七个从来没打过交道的警察喝酒。俞敏洪谁也不认识，就叫一声："大哥！喝！""咣"就喝一杯，不到半小时，一斤多酒就下了肚。结果还没开始上热菜，他咕咚一声就掉到桌子底下了。

俞敏洪一人喝了一瓶半的高度五粮液，差点喝死。几个警察手忙脚乱地把俞敏洪送到医院，抢救了6个小时，医生说："再晚来15分钟就没戏了。"

俞敏洪后来回忆说："我醒过来以后，公安系统领导说了一句话让我特别感动，他说俞老师冲你这种喝酒的精神，以后新东方有任何事情我们都要帮助。"

在《赢在中国》节目中俞敏洪点评一名选手说，既然要做生意，就必须摆脱这种知识分子特性。不善于跟陌生人打交道，不善于跟社会打交道，不善于跟官场打交道，自己就硬着头皮学……俞敏洪骨子里那种坚韧的品性又开始发挥作用。"要慢慢地学会跟整个社会打交道，包括跟政府行政部门、社会人士、顾客、学员，你不了解他们的心理，不知道怎么打交道，有时候一点小事情就可能出现大问题。"

俞敏洪的"痞子精神"创业初期表现在北京图书馆的免费讲座上。1992 年 12 月，俞敏洪租了北京图书馆可容 1200 人的报告厅进行免费的讲座。俞敏洪回忆当时的情况说："这么冷的天，我穿着大衣都觉得冷，我想最多来个几百人就算了。没想到一下来了 4000人。4000 人中进去了 1200 人，北图就把门关上了。进不去的学生就很愤怒，在外面又推门又砸玻璃，结果把整个紫竹院的几十个警察全部给招过来。警察过来站成一排，学生根本就不买账，把警察推开继续推门。"

俞敏洪想亲自出去平息学生们的怨气，警察说你出来学生就把你撕碎了。俞敏洪没有听从警察的劝阻，礼堂里面由其他的同事代讲，他自己还是走出了大门，站在一个大垃圾桶上给学生们讲起来。"我的衣服全部脱在礼堂里面，只是穿了一件衬衫。我一挥手，我说大家不要闹了，我就是俞敏洪。"

这时，所有的学员就安静下来了，俞敏洪在外面讲了一个半小时。他站在一个大垃圾桶上，在凛冽的寒风中像革命志士一样慷慨激昂，讲得自己和学生都热血沸腾……

俞敏洪说："本来很多学生都愤怒地看着我，讲着讲着学生就很开心很高兴。有的学生把他们身上的大衣脱下来给我穿。讲完了以后，派出所二话没说就把我带走了，罪名是扰乱公共秩序。"

这里还有一个小插曲，新东方最初是靠俞敏洪在电线杆上一张一张贴广告起家的。有一次市政建设，有人要把新东方外面的两根电线杆一起拆了，俞敏洪一看急了，死皮赖脸地不让人家拆，最后用七万元搞定了。

经过这样的摸爬滚打，俞敏洪从一介书生成长为能打理方方面面的合格"校长"，继而成为一名为创业者指点迷津的企业家。

多一点耐心，多一点机会

常常听到有人在与机会失之交臂的时候总是喟然长叹："哎，怎么又失去了这次机会。"事实上在人的一生中要遇到多少次与自己的命运休戚相关的种种机会，并不是缺少机会，而往往却是缺少机会来临之前的准备。错失机会，不如说是在机会来临之前没有做好准备，机会只留给有准备的人。

俞敏洪指出，世界上每天都充满了各种各样的机会，但最后机会只会落到有能力的人身上。在俞敏洪看来，这个世界不是没有机会，关键在于我们有没有能力捕捉到属于自己的创业机会。这个"能力"，就是具备"等待"的智慧，并比别人做得好一点。

"我在《动物世界》中看到最惊心动魄的影片是关于南美洲的蟒蛇。因为这种蟒蛇的身体实在太大了，所以它的行动速度不是很快。它为了捕食，唯一的办法只能是埋伏在丛林中间，等动物经过。通常是一天下来没有一个动物经过，两天下来没有一个动物经过，甚至一个星期下来都没有一个动物经过。但是它知道，只要在那儿等待，一定会有动物经过。最后终于有动物经过了。它就一跃而起，一口把动物咬住。因为它追不上动物，只有等动物走到它嘴边的时候，才能跃起来。我看了这个故事以后，印象非常深刻。任何一个人对自己的机会，对自己的未来，都需要等待，而等待一定要有方法，当机会到来的时候，一定要十分敏捷地去捕捉。从表面上看，大蟒蛇在那儿一动不动，完全是被动的，但实际上它每时每刻都很警觉，即使睡觉的时候都在用耳朵听着，用身体感受着周围有没有动物走过。蟒蛇比任何动物都更加清楚等待的重要性。"

猎豹是世界上跑得最快的动物，但是它一定要埋伏在草丛里，等羚羊靠近自己的时候才一跃而起，追上羚羊。猎豹尽管是世界上跑得最快的动物，时速能达到100公里，但是它最多能跑10分钟，如果10分钟之内追不上羚羊，它就只能饿死了，所以它不得不埋伏在草丛中间等待最佳的机会。

很多时候，动物都值得我们人类去学习，最好的时机也需要你用最大的耐心去等待。

俞敏洪说："姜太公在河边钓鱼，到了80岁那一年，周文王在他边上走过，发现这个老头用直的鱼钩钓鱼，跟他一聊便发现这个老头很有智慧，所以把他带回去，最终，姜太公帮助文王和武王打下了周朝的天下。"

史载，武王计划伐纣，向姜太公请教什么时候伐纣最好。姜太公通过分析，认为纣王虽然昏庸，但商王朝的气数未尽，应该耐心地等待，到商王朝气数完全衰竭的时候再出兵，则易取得胜利。武王采纳了姜太公的意见，耐心地养精蓄锐、等待时机，一直等了十五年。十五年后，商王朝气数殆尽，武王出兵伐纣，果然势如破竹，大获全胜。这说明，耐心是成功的磨刀石；学会了等待时机，离成功也就不远了。

俞敏洪表示，新东方的很多失败者最后缺的就是一点耐心，缺一点耐心等待被人进一步看到你的优势，缺一点耐心等待更长远的利益在你眼前出现。很多新东方人好像一条"小鱼"，看见什么都想吃。"小鱼"的特点是习惯性漂浮在水面之上，看见什么都去咬、都去吃。看到钩子它也去咬，结果就给钩上去了。很多新东方人在展示自己才能的时候缺乏耐心，在等待机会的时候缺乏耐心，在追寻利益的时候也缺乏耐心。有耐心的人才能够真正得到自己想要的东西。人们常常比较讨厌缺乏耐心的人。真正有耐心的人其实是有智慧的人，明白什么东西该等，什么东西不该等待。就算你是千里马，也一定要给别人留下足够的时间去变成伯乐。

俞敏洪认为，这个世界上有无数的机会在等着你，机会面前人人平等，然而每一个人取得机会的能力是不一样的。对于一个有能力的人来说，可能遍地都是机会；但对于一个无能的人来说，抱怨就成了他向这个世界证明他存在的唯一方式。

俞敏洪说道："我们经常听到有人抱怨没有机会。其实不是没有机会，而是我们有没有能力抓住机会。机会属于那些有准备的人。世界上每天都充满了各种各样的机会，但最后机会只会落到有能力的人身上。创业是能力和机遇碰撞的结果，机会总是会青睐有准备的人。"

机会是一种常态，是一种不变的存在。比如这个世界永远需要领导者，不管是政治领导者还是商业领导者，但是如果你没有领导者的才能和智慧，没有很多年对于领导艺术的历练，你就不可能得到领导者的职位。小布什之所以能够竞选总统，是因为他的家庭作为一个政治世家多年来一直影响和教导着他。

从高考三次落榜到70%的哈佛、耶鲁的中国留学生见面后叫一声俞老师，从一次次留学申请失败到指点莘莘学子远渡重洋，从唱独角戏的创业者到成为拥有6000名员工的企业掌舵人，俞敏洪的事业经过了一次次的峰回路转。在他看来，就是把握住了机遇。

俞敏洪认为，在他的生命中能改变命运的机会也就两次，第一次是从农村走向城市，为了高考，通过自己连续三年的奋斗，走进了北京大学。第二次机会是来自自己的失败，因为出国计划失败了，所以从北大出来做了新东方。"有时候机会隐藏在失败中间，有时候机会隐藏在痛苦中间，有时候机会隐藏在你不得不走下去的路中间，但是只要你去寻找，总是会找到。当我自己感觉路走到尽头的时候，发现其实路到了尽头，生命并没有到尽头。有的时候路是拐弯的，比如说我出国没有成功，但是我左边一拐，右边一拐，发现了另一条路，新东方就出现了。有的时候尽管没有了路，但是因为我们有脚，所以可以踏着我们脚下的土地，把它变成我们的道路。"

俞敏洪说，自己当初选择创办新东方时，正是看中了当时国内学生开始热衷出国的潮流，同时社会上掀起学习英语热潮这样的机遇。

俞敏洪认为机遇其实就在自己不断仔细观察所属的社会环境，认真思考、归纳总结的过程。这个过程中面临着得与失、取与舍、成与败，是一次次顺流逆流中痛并快乐的自力更生。

在创办新东方学校以前，身为北大教师的俞敏洪为其他培训机构打工。工作中冷眼旁观，俞敏洪发现大量的培训学校对学生的态度、管理和理念上有缺陷。"我也是从学生走来，而且为了高考还参加过辅导班。我就想，如果我来管的话，应该通过什么样的方式帮助学生，吸引学生。"

有着在北大积累的知识，借着被北大踢出去的机会，俞敏洪成立了如今的新东方。有人说，新东方的成功完全是靠运气。但俞敏洪觉得新东方的成功靠的是机会。"运气是什么呢？运气就是一个人走在马路上，走着走着，捡到100元钱，机会就是通过劳动赚到100元钱。这就是机会，劳动抓住了工作的机会。新东方做到今天，是很多因素造成的。刚好我在大学教英语，刚好自己吃苦耐劳，刚好中国改革开放，赶上出国的热潮……这都是机会。刚好我又将这些机会聚集到我身边，于是就形成了新东方。"

在俞敏洪看来，之所以选择进入民办英语培训领域，是因为自己作为一个曾经接受过补习的学生，了解学生渴望帮助的迫切心理；因为自己是一个外语老师，有机会接触到外语培训的领域，从而了解外语培训领域的新动向。在自己的专业领域找到市场的需求，并不断思考改进的方式，每一步都在困难中寻找新的希望，机会就始终掌握在自己手中。

创业机会的得来绝不是靠守株待兔，每个创业者都应该是主动地去寻找机会。往往机会的来源便可极大促成创业的成功。要创业，首先要会解析这个时代的趋势，俞敏洪说，年轻时，努力锻炼自己的能力，掌握知识，掌握技能，掌握必要的社会经验。机会，需要我们去寻找。让我们鼓起勇气，运用智慧，把握生命的每一分钟，创造出一个更加精彩的人生。

俞敏洪在《赢在中国》现场对创业者们说：

每一条河流都有自己不同的生命曲线，

但是每一条河流都有自己的梦想，

那就是奔向大海。

我们的生命，

有的时候会是泥沙。

你可能慢慢地就会像泥沙一样，

沉淀下去了。

一旦你沉淀下去了，

也许你不用再为了前进而努力了，

但是你却永远见不到阳光了。

所以我建议大家，

不管你现在的生命是怎么样的，

一定要有水的精神。

像水一样不断地积蓄自己的力量，

不断地冲破障碍。

当你发现时机不到的时候，

把自己的厚度给积累起来，

当有一天时机来临的时候，

你就能够奔腾入海，

成就自己的生命。

　　只有像水一样，积蓄足够的力量，才能在时机来临的时候，把握住机会。一个人是否活得丰富，不能看他的年龄，而要看他生命的过程是否多彩，还要看他在体验生命的过程中能否把握住机会。

坚持不放弃，因为别无选择

有学生问哲学家苏格拉底，怎样才能学到他那博大精深的学问。苏格拉底听了并未直接作答，只是说："今天我们只学一件最简单也是最容易的事，每个人尽量把胳膊往前甩，然后再尽量往后甩。"苏格拉底示范了一遍说"从今天起，每天做 300 下，大家能做到吗？"学生们都笑了，这么简单的事有什么做不到的？过了一个月，苏格拉底问学生们："哪些人坚持了？"有九成的学生骄傲地举起了手。一年后，苏格拉底再一次问大家："请告诉我最简单的甩手动作还有谁坚持了？"这时，只有一人举起了手。他就是后来的古希腊另一位大哲学家柏拉图！

我们常常忘记，即使是最简单最容易的事，如果不能坚持下去，成功的大门绝不会轻易地开启。其实成功并没有秘诀，只有坚持才是它的过程。成功没有秘诀，贵在坚持不懈。任何伟大的事业，成于坚持不懈，毁于半途而废。

"二战"时期，英国在气势汹汹的德国纳粹军攻击之下危如累卵。在没日没夜的轰炸声中，丘吉尔却在广播之中对全国人民咆哮道："Never, never, never give up！"

在剑桥大学的一次毕业典礼上，整个会堂有上万名学生，他们正在等候丘吉尔的出现。在隆重但稍嫌冗长的介绍之后，丘吉尔在他的随从陪同下走进了会场并慢慢地走向讲台，他脱下他的大衣交给随从，然后又摘下了帽子，默默地注视所有的听众，过了一分钟后，丘吉尔说了一句话："Never give up！"（永不放弃）丘吉尔说完后穿上了大衣，戴上了帽子离开了会场。这时整个会场鸦雀无声，一分钟后，掌声雷动。

2001 年，是全世界公认的互联网"寒冬"时期，是网络泡沫破灭年。马云回忆说道："在互联网最痛苦的时候，2001 年、2002 年的时候，我们在公司里面讲得最多的字就是'活着'。如果全部的互联网公司都死了，我们只要还跪着我们就是赢的。"

面对形势恶劣的互联网，马云大喊："Never, never, never give up！"（永不放弃！）

马云的观点就是"冬天不一定死掉，春天不一定发芽"。马云认为，不管怎样，都要坚持活下去的信念，即使跪着也要活。放弃是很容易的，然而，死撑着并不容易，半跪生存并不容易。中国活下来的网络公司都是九死一生。阿里巴巴同样如此。

马云后来在接受媒体采访时说："其实我的跪是指你站不住了，你给我跪在那，不要躺下、不要倒，是这个意思。但是所谓冬天长一点，春天才会美好，细菌都死光了，边上的声音噪音都会静下来。这时候，你说我还站着你就会成为所有投资者最喜欢的，你也会成为整个互联网界最喜欢的人。所以我们那时候是自己给自己安慰。"

即使在互联网的冬天，当时日本软银集团董事长孙正义在中国投资的 30 家公司全部都关门了，阿里巴巴一家还在活着。马云解释其原因：冬天寒冷的时候，阿里巴巴提出的口号是"坚持到底就是胜利"，马云坚信网络一定会火起来，只要阿里巴巴活着不死，就有希望。

有这么一句话让俞敏洪很感动，也是俞敏洪的座右铭："坚持下去不是因为我很坚强，而是因为我别无选择。"

俞敏洪强调："不管你是想创业，还是想成为一个政治家，或是想要在任何事业中取得成功，除了拥有天分之外，你还需要具备很多重要的东西。如果你没有天分，那么这些东西就显得更加重要。它们是我们的天分、耐心、勤奋、持之以恒的精神。我在经过一些事情后发现，持之以恒比天分还要重要，坚持到底就是胜利。"

俞敏洪回忆说："当时想着一定要考进大学，但没想过进北大，所以就拼命读书。有的时候你会发现你低着头一直往前走，目标就会在你的后面。所以当我拿到北大录取通知书的时候，真的是仰天大笑，然后嚎啕大哭，跟范进中举一模一样。但如果当时没有坚持的话，也许我现在仍然只是一个农民的儿子。比如，当时我们村有个人跟我一样考了两年，他总分还比我高三分，当时我跟他说一起考第三年吧，但他的母亲说别考了，找个女人结婚算了，但当时我跟我妈说你让我再考一年，结果第三年我真的考上了。所以我得出两个结论，一、人必须往前跑，不一定要跑得快，但是要跑得久；二、不能停下来，你不能三天打鱼，两天晒网，要持之以恒。"

有一次，一个朋友问俞敏洪，马和骆驼一辈子谁走得远？俞敏洪说一定是马，那位朋友却说俞敏洪错了，骆驼走的路要远远比马多，因为马跑一会儿就会停下来，而骆驼一旦开始走，如果不让它停，它是不会停的。所以，一个聪明的人一辈子所创造的成就不一定比一个笨的人所创造的多，因为笨的人每天都在创造，而聪明的人可能创造一段时间会停下，即便是爱迪生这种超级天才，小时候也被认为是个白痴。爱因斯坦9岁才会说话，还好他有个好妈妈一直认为他是个天才，才使他成为一个伟大的科学家。因此，俞敏洪认为，永远不要用现状去判断未来，只要你坚持就一定能获得你所意想不到的东西。

新东方有一个运动，叫作徒步 50 公里。任何一个新东方新入职的老师和员工都必须徒步 50 公里，而未来的每一年也都要徒步 50 公里。很多人从来没走过那么远的路，一般走到 10 公里就走不动了，尤其是要跋山涉水地走。"每次我都会带着新东方员工走，走到一半的时候会有人想退缩，我说不行，你可以不走，但是把辞职报告先递上来。当走到 25 公里的时候你只有 3 个选择，第一，继续往前走；第二，往后退，但当你走到一半的时候，你往后退也是 25 公里，你别无选择，因此还不如坚持往前走呢；第三，站在原地不动。而在人生旅途中停止不前还有什么希望呢？"

人生如此，创业也是如此。俞敏洪说："我没想到新东方能从培训 13 个学生，现在变成培训 175 万个学生。其实所有这一切你都不一定要去想，只要坚持往前走就行了。"

■ 延伸阅读：俞敏洪谈创业者八大能力

第一个能力就是目标能力。首先，大家都想创业，谁不想自己当老板呢？可是你还得问自己一个问题：为什么要创业？你有什么样的目标？想把它做成什么样的状态？我们不是为了创业而创业，而是为了做好一件事情，做大一件事情，并且前提是你在进行自我评估后发现这有实现的可能，这个时候你才能够开始创业。如果说你都没有目标，只是一时的冲动，只是觉得你应该去干点什么，并且对所干的事情又没有太多的热爱，那创业就只不过成为一种风气，而不是现实，你也不一定能做成大的事情。

就我个人而言，我当初做新东方的时候，有一个非常明确的目标，那个时候从北京大学把大学老师的工作辞退后出来做培训机构，我希望自己能做成一个真正有意义的培训机构。也正是有这个目标，新东方的培训事业才蒸蒸日上、不断前进。随着培训的开展，新东方的目标也在不断改变，从最初的做一个学校变成想在全中国各地开设新东方学校，到现在我们已经做成了美国上市公司。总而言之，你的目标是上升的，但基础是不会变的，比如说我最初做新东方的基础就是想做成一个有品牌、有品位，为学生的前途负责，让学生喜欢的培训学校，从本质上来说，新东方到今天依然是这样的。所以我觉得目标能力对创业来说非常重要，而且你全心全意热爱这个目标的能力也非常重要。除此之外，你需要注意的一个问题是：你的这个目标一定是能够做大的，而不仅仅是为了自娱自乐。比如说你喜欢书法，就一下子去创立一个书法公司，这不太容易。

第二个我觉得非常重要的能力是专业能力。如果你对一个专业不懂就去创业，失败的可能性也很大。就像你开了一个饭店，假如你自己不是厨师，又没有太雄厚的资金一下子请很多大厨师，你就很难把控你这个饭店的质量，而且很容易被大厨师炒鱿鱼。比如你请了一个大厨师，他做的饭很好，招来很多顾客，这时候他一看自己的地位很重要，就反过来跟你要价，说不给更多的钱就不干，你一生气把他开了，这样一来你饭店的菜也做不好了，最后面临倒闭了。十几年前我开始做新东方的时候，周围的很多培训机构都是被优秀老师炒鱿鱼给炒倒了。也是因为他们课上得很好，学生很满意，老师就开始向老板要价，老板自己又不懂教学又咽不下这口气，最后老师都跑到别的培训机构去了，老板就只能把学校关掉了。

新东方当初能做下来很重要的一个原因是我自己就是个"大厨师"，也就是说新东方当时开设的很多课程，我自己都能教，因此我的老师在拿到他们觉得比较满意的工资时，就不会跟我提出非分的要求。他们知道，一旦提出过分要求，我自己能把他们的课给上了，同时又不会对新东方造成太大伤害。所以当你白手起家、身无分文，或者资金有限的时候，有一个重要前提：你必须是你创业的这个领域中的专家，是一个能控制住专业局面的人。比如你开一个软件设计公司，自己都不懂软件，首先你把控不了质量，其次你把控不了人才，会很麻烦。这是第二点，就是原则上你必须在想创业的这个领域具备相当的专业知识、达到专业水平，才能有对专业的把控能力。

第三个能力是营销能力。一旦开始创业后，你该怎么做？比如说你的公司开了，产品也造出来了，下一步怎么办呢？如果产品造出来没人买的话，那公司白开了，有无数的公司都是开起来了最后却关门了，其根本原因之一就是他们不懂如何推销自己的产品，推销自己的公司品牌。因此我们要做的是把公司"卖"出去，一个是卖公司的产品；另一个更重要的是随着产品的销售，卖出公司的品牌，就是说让大众认可你的公司品牌，让大家都知道这个产品是从你公司卖出来的。这就涉及营销，营销分两部分：实的营销和虚的营销。所谓实的营销，比如我做新东方，营销的是新东方的课程，告诉学生为什么要来上这个课，上完能有什么收获。但是无数的培训机构一直以来也在营销课程，却始终只是小机构，而新东方能做大，这是什么原因呢？很简单，因为我们营销了品牌。就是说，新东方开始不断有内涵，到最后人们不是因为听到新东方有什么课程来上课，而仅仅只是听到新东方三个字就来上课，这个时候品牌营销就算是成功了，这就是虚的营销。

在中国做企业，品牌营销往往还跟个人营销结合在一起，就是说你个人的形象有时候能够代表企业形象，所以往往要把个人的道德、行为和企业的道德、行为结合起来。比如大家讲到新东方的时候会说，新东方就是俞敏洪，俞敏洪就是新东方；讲到联想公司的时候会说，联想就是柳传志，柳传志就是联想。因此在中国，个人品牌的成长很大程度上就是企业品牌的成长，而企业品牌的成长也能带动个人品牌的成长，这两个加起来形成你的公司强有力的虚的营销。加上你的产品本身也能被老百姓所接受，这样产品才会有价值。举个例子，一个生产鞋的公司，没有任何名气，尽管鞋的质量跟著名品牌鞋的质量不相上下，但品牌鞋卖一千，他这个也许只能卖一百，这中间差的九百块钱是怎么来的呢？是品牌营销，你没品牌所以价格提不高。所以一个公司要成功，品牌营销有时候甚至比产品营销还要重要，品牌营销的价值是无限的。这就是为什么我们中国造的包只能卖一千元人民币，同样材质的包印上LV的标志之后就能卖十万元人民币，背后都是品牌价值在起作用。所以，利用营销能力把产品推销出去，把品牌推销出去，把你自己推销出去，就变成了企业发展的一个重要手段，也是创业者必须具备的能力。

第四种能力叫转化能力。第一种转化是把科学技术转化成生产力。这是我们常说的一句话。你拥有了技术，拥有了能力，但没法转化成产品卖出去，这是不行的。像比尔·盖茨要是一辈子待在实验室的话，我估计他就是个穷光蛋了，他把自己的研究成果转化成了微软产品，推销到全世界，他就成了全世界的首富。所以把科学技术转化成生产力，转化成产品的能力是非常重要的。第二种是转化你个人的能力。一般情况下，知识分子创业都有一个前提条件，就是能把在大学里学的专业知识转化为社会能力、管理能力。比如我从北大出来，完全不知道社会是什么样子，如果说抱着书生意气，抱着在学校里的那种单纯思想和行为方式去干事情，难度会比较大，即使在西方社会也是这样，更不用说在中国这样一个复杂的综合体里面。因此如果你不能把大学里的专业能力转化为社会能力、管理能力，就会很麻烦。你管自己一个人的时候也许管得很好，但管一帮人并不一定能管好，那么你就需要学会从管自己一个人转换成管一帮人，也就是说把专业能力转换成综合能力，把专业才能转化成领导才能。而这种转化是要经历很痛苦的过程的，我个人从北大出来，到最后觉得自己当了新东方的领导，管着一百多人的团体管得比较得心应手，至少花了五年的时间。能力是能够成长的，现在我在新东方手下管着近一万人的教师和员工，依然没出现什么大的差错，表明了新东方管理能力的提升。所以人的能力是在不断转化的，关键是你自己要努力去转化，比如有很多大学生性格很内向，不愿意跟社会人士打交道，那你要想创业的话，这个交道是不能不打的，不打的话你就封闭了自己，同时把可能成功的机会也封闭了。

第五个能力是社交能力。进入社会，首先你要理解社会，要理解别人为什么要这么做。比如我刚开始出来的时候，社会上那些风气啊、三教九流啊，我完全不懂，跟他们打交道的时候觉得特别吃力，新东方的发展也处处受制于人，一会儿居委会的老太太来把我骂一顿，一会儿城管的人来了又把我罚一通，最后弄得没办法。我慢慢慢慢学会了把自己放得心态平和，去理解这些社会上的人，最后当你开始混迹于这个社会，并且思想和境界又超越这个社会的时候，你大概就能干出点事情来了。你不能显示出不愿意跟社会打交道的样子，但你看事情的眼光又是超越社会的，"大隐隐于市，小隐隐于山"就是这个概念，小的隐士、没有什么出息的隐士才跑到山里去隐居起来，不愿意跟社会打交道；那些圣人、智者都是在社会中跟人打交道而思想境界又超越于社会的人。做企业也是这样，一个企业家，如果不能和社会同存却又不超越于社会，就会很麻烦，所以我觉得社交能力对一个企业家或创业者来说，十分重要。

第六个能力是用人的能力。仅仅一个人做事情不能叫创业，那叫个体户，所以想创业的话你就得找一帮人，你的合作伙伴、你的同事、你的下属，这些人，从一开始你就得用对了。挑了没有能力的人最后做不出事情来，挑了过于有能力的人最后跟你造反、老是跟你过不去，你也做不出事情来，把人招进来了就得让人服你，因此就得展示你的个人魅力，还得展示你的判断能力、设计能力，让大家觉得跟着你走是有前途的，哪怕在最艰难的时候大家也愿意跟着你。

阿里巴巴的马云之所以能成功，很大程度归因于他的个人魅力，他有能力把一帮人聚在一起，给他们不高的工资，给他们承诺未来，这个未来到最后不知道能不能实现，但大家会有一个期盼。所以用人能力是有巨大力量的，它是领导能力的一个典型体现。当刘邦打下天下，手下问他为什么能做到的时候，他说了这样一番话：其实我自己一点本领都没有，但我能够用萧何、韩信、张良等这样的人才，是他们帮助我打天下；项羽身边有一个范增，他都没有能力好好用上，最后一定被我抓起来。这就体现了领导能力的重要作用，一个孤军奋战的人也许能成为英雄，但他却不能成就事业。刘邦，不管他有没有打过仗，他都是我们心目中的英雄，还是领袖，因为他创建了一个几百年的帝国朝代，容纳了那么多的有识之士。所以，用人能力对我们来说是非常重要的，假如新东方没有相当一批人才，是做不到今天的，新东方有一句话叫作：一只土鳖带着一群海龟在这儿干。这只土鳖就是我，而海龟呢，就是围绕在我身边的新东方几十个高层管理者，他们大部分都是海外留学归来的。大家都知道，海归本身眼界是比较高的，很多人眼睛都是长在额头上的，是很容易看不起土鳖的，所以我就必须抱着为他们服务的心态，同时我自己的学习能力必须超强，在很多方面必须接近甚至超越他们，他们才会服我，才会跟着我干。当然，当你想做出一番大事业的时候，会发现身边的人越来越多，各种各样个性、想法的人越来越多，你要能把他们统一在一起，既要运用利益的杠杆，又要动用感情的杠杆、事业的杠杆把他们完美地结合在一起，是一件挺不容易的事情。

第七个能力就是把控能力。包括几个方面，首先是对企业的把控，企业的发展速度是什么，发展节奏是什么，什么时候该增加投入，什么时候应该对产品进行研发，等等。其次是对人的把控，当一个人走进你的公司之后，他会根据自己的能力和贡献每天衡量自己到底应该得到什么，人与人之间永远会寻找一种平衡关系。人与人之间还有另外一种关系，就是每天都在衡量我在对方心中的分量到底有多重，当对方觉得你的分量重、他没有分量的时候，他是不会来跟你计较的，等到对方觉得他的才能、他的技术或者他的领导力已经达到能和你较劲的时候，对方不提出来，那他就是傻瓜。所以，人与人永远都是在一种平衡中间，而这种平衡需要你对人性进行很深刻的了解，并且随时把握每个人的动向，满足他们的需求，同时还能压制住他们不合理的要求和欲望，能够让他们跟你一条心，不断往前走。其实对人的把控能力、对环境的把控能力、对企业发展步骤的把控能力，构成了你创业是否成功的重要条件。

最后一个能力就是革新能力。所谓革新能力就是reform（改革）、renovation（创新）等等这样的能力，也就是需要你不断把旧的东西去掉，把新的东西引进来，进行体制上的革新、制度上的革新、技术上的革新以及思想上的革新。从我自己做事情的过程来看，一个人或者一个企业家成长的过程，就是不断否定自己的过去，承认自己的现在，追求自己的未来的过程。一旦你觉得现在这样就已经挺好，做成这样已经不错，就不会有更大的发展空间。我在新东方，经历了无数次的否定，你看新东方从个体户发展到家族店，然后变成哥们合伙制，接着变成国内股份制有限公司，然后发展成国际股份制有限公司，最后变成美国上市公司，每一个步骤都是脱了一层皮的，因为每一次改变都意味着要进行大量的利益改革和结构改造，大量的人事改革和改造，如果你改不过来，企业就有可能面临崩溃。

当初跟我一个时期做外语培训班的人，很多到现在依然是夫妻店，这是我十五年以前的状态，但新东方迅速把夫妻店改变成了现代化的企业，每年培训一百五十万学生。每一次的改革伴随着阵痛，但也伴随着发展，而改革还得把握好步骤，如果改得不好、改得太猛了，企业也有可能崩溃掉；但如果停滞不走，也会崩溃掉。这就像中国的社会政治经济改革，如果想一步到位，一下子把所有东西都变成现代化，那会有危险，但中国若不改，就会陈旧落后，也很危险。因此，每走一步都要小心，又不能不走。对创业的改革也非常重要，比如说在技术方面，你不更新的话，最后就会失去市场，也会失去机会，在这一点上我个人非常佩服Steve Jobs（史蒂夫·乔布斯）——苹果公司的老总，他刚开始在苹果，后来被苹果公司弄出去之后，他又做动画片、电影，也做得很好，后来又开始研究iPod，iPod还在热销的时候，他却又开始研究iPhone，现在iPhone也在全世界热销了。所以每走一步，他的思想都是超前的，尽管Steve Jobs已经离开了这个世界，但他依然不失为一位创新、革新的英雄和时代的弄潮儿，我们要做企业就得向这样的人学习。总而言之，以上提到的八种能力，是我觉得在创业中最重要的八种能力，也是人们能成就大事业的八种能力。

第二章

做人哲学：像树一样成长

"做人像水"，你就能容纳百川，你的心胸就能变成汪洋大海，广阔无边；否则，你永远站在山顶上，你的空间永远是狭窄的，不仅没有容纳别人的地方，最后连容纳自己的地方都会没有，一阵大风就会把你刮到悬崖下去。

苦难是成功的垫脚石

俞敏洪给年轻人的 8 堂人生哲学课

做人像水：拥有水一样的品格

老子在《道德经》中说："上善若水，水善利万物而不争，此乃谦下之德也；故江海所以能为百谷王者，以其善下之，则能为百谷王。天下莫柔弱于水，而攻坚强者莫之能胜，此乃柔德；故柔之胜刚，弱之胜强坚。因其无有，故能入于无之间，由此可知不言之教、无为之益也。"

老子认为，上善的人，就应该像水一样。水造福万物，滋养万物，却不与万物争高下，这才是最为谦虚的美德。江海之所以能够成为一切河流的归宿，是因为他善于处在下游的位置上，所以成为百谷王。世界上最柔的东西莫过于水，然而它却能穿透最为坚硬的东西，没有什么能超过它，例如滴水穿石，这就是"柔德"所在。所以说弱能胜强，柔可克刚。

作为一个成功的创业者，俞敏洪拥有一种水一样的品格——柔。"做人像水"就是说，你在社会中与别人打交道时，一定要心平气和，就低不就高，不要自以为是，处处狂妄。这个世界上有几十亿人，每个人都只是茫茫宇宙中的一粒尘埃而已。不管你本人多么有能力，多么有成就，这个世界上永远有比你厉害的人。俗话说"三个臭皮匠，顶个诸葛亮"，也就是说你周围几个人加起来的智慧，至少在某一点上一定会超过你，所以任何人在这个世界上都没有"牛"的资本。谁在这个世界上"牛"，谁就会被这个世界所"消灭"。

俞敏洪认为，"做人像水"意味着你一定要虚心地向别人学习，一定要虚心地来观察社会，一定要尽可能去谅解这个社会的错误和你周围的人所犯的错误，然后再用恰当的方法去纠正这些错误。做人像水，你就能容纳百川，你的心胸就能变成汪洋大海，广阔无边；否则，你永远站在山顶上，你的空间永远是狭窄的，不仅没有容纳别人的地方，最后连容纳自己的地方都会没有，一阵大风就会把你刮到悬崖下去。"我的软弱，说得好听点，应该是上善若水的感觉。"

遇到问题，例如发生利益冲突的时候，俞敏洪比较能够忍受，并且能够给自己足够的时间冷静，再去处理问题。俞敏洪做事情不极端，说话也不极端，这样就留下了很多余地。"因为作为一个领导人，我背后是没有防线的，我是最后一道防线。如果我和别人撕破脸皮，他们可以一走了之，我走不了；他们可以破罐子破摔，我不能。所以，我就必须学会以这样的方式处理问题。"

很多时候，俞敏洪总是默默承受着大伙儿的"轰炸"，以至于在很多人眼里，他的性格过于软弱，没有作为一个企业创始人的魄力。但这也体现了水"停留在卑下的地方"的品质。"我的管理层敢于在会上批判我，曾经弄得我无地自容，我也能够忍受。当然这并不意味着我没有领导权威。"

俞敏洪一直认为自己性格中存在一项弱点，但他同时表示，弱点也是我的优点——那就是太宽容了。对每个员工的优点和缺点，他都非常清楚，他懂得如何利用他们的优点，但当员工犯错时，俞敏洪就憷了，俞敏洪不愿得罪员工，尤其不愿在大会上批评某个人。

俞敏洪说："实际上，我讨好了一个人，却得罪了多数人，有人说我只做'popular thing'不做'right thing'。知人容易自知难，后来我认识到这是我的缺陷，因为学校的每一个老师都敢冲进我的办公室，指着我的鼻子，把我大骂一顿，扬长而去。"

俞敏洪决心改变这种状况，他开始批评一些犯错误的员工了，但经常是"一交手，我先被骂一顿，我正要还口，人家已经走了"。我反应太慢了，俞敏洪认为，人不是在发挥自己的优势中前进的，而是在克服自己的缺陷中前进的，如果不能克服自己内心的恐惧，一个人永远无法提升自己。

"当然，现在我好多了，偶尔也'峥嵘'一下。但我始终认为人应该有宽容之心，人要谦虚，我总结了一句格言：做人像水，做事像山。做人时，要平和、谦逊，像水一样顺势而下；但做事时，要像大山一样挺立、坚强。其实，世界本来很简单，是人把它搞复杂了；做人其实很简单，是人把它搞复杂了。如果抱着对人、对家庭、对世界的爱，一切都会变得简单。"

守诚信，赢长久之利

从古至今的商人大致分为两种：一种是奸佞者，这种人以欺诈之道为人处世，总是想尽歪点子坑人、蒙人，这种人为人所不齿，始终只能做一个小商贩。另一种是诚信者，这种人以诚待人，赢得人心，从而成为大商人。李嘉诚正是这种诚信者，他重视诚信的力量，在做生意的过程中，始终把信誉放在第一位，因此，他在商海中取得了巨大的成功。

胡庆余堂药店开办之初，胡雪岩想要做出一块不倒的"金字招牌"，建立起真正的名气，而要做出真正的名气，其实很简单，就是两个字——"戒欺"。

在胡庆余堂药店的大厅里，挂有一块黄底绿字的牌匾。这块牌匾不像药店大堂上那些给上门的顾客观赏的对联匾额，一律朝外悬挂，而是正对着药店坐堂经理的案桌，朝里悬挂。这块牌匾叫作"戒欺"匾，匾上的文字是胡雪岩亲自拟定的：凡是交易均不得欺客，药业关系性命，尤为不可欺。余存心济世，誓不以劣品巧取厚利，唯愿诸君心余之心，采办务真，修制务精，不致欺余以欺世人。

匾上所言，是胡雪岩对于自己药店的档手、伙计的告诫、警醒，也是他确立的胡庆余堂的办店准则，那就是："采办务真，修制务精。"即方子一定要可靠，选料一定要实在，炮制一定要精细，卖出的药一定要有特别的功效。药店上至"阿大"（药店总管）、档手，下到采办、店员，除勤谨能干之外，更要诚实、心慈。只有心慈诚实的人，才能时时为病家着想，时时注意药的品质。这样，药店才不会坏了名声、倒了牌子。

胡雪岩靠诚信无欺建立起了自己真正的名气，真正做起了"金字招牌"。这里当然也有为了让自己的诚信无欺能被别人知道而做的宣传，比如贴告示让人来参观，比如在后院养上几头鹿，这是别家药店没有的，但说到底，这些宣传都是用诚信无欺来"擦"亮自己的招牌的手段。

阿里巴巴董事局主席、创业教父马云曾说过："你要想做好一个优秀的生意人，一个优秀的商人，一个优秀的企业家，你必须有一件同样的东西，那就是诚信。诚信是个基石，最基础的东西往往是最难做的。但是谁做好了这个，路就可以走得很长、很远。"

诚信是企业创立之初的奠基石，更是企业核心竞争力的重要组成部分。不守"诚信"，或许可"赢一时之利"，但一定会"失长久之利"。因此，对创业者而言，从开始创业的那一瞬间起，就应把诚信作为不可或缺的合作"伙伴"，并且应做到如影随形。

俞敏洪认为，不管处在什么样的社会，一个人做人做事的最终成功，只有依靠"诚信"二字。你先对别人有诚信，大部分人才会对你有诚信。就算你有时候被别人骗了，也不能因此就丢掉诚信，否则你就会失去自己成功和幸福的根基。

中国过去非常贫困，但由于大家都普遍贫困，所以在封闭的社会中倒也安于贫困。后来随着中国的改革开放，生产力得到了解放，一部分人开始先富起来。由于中国社会的经济秩序和社会秩序还没有建立起来，所以面对金钱的诱惑，人们互相之间开始坑蒙拐骗。

俞敏洪认为，用不正当的手段获得财富的速度很快，使人们不再具备长远眼光，打一枪换一个地方成了中国商人做事情的典型特点。在欺骗和草率能够快速获得利益的社会里，诚实和认真必然退居二线。在巨大的利益面前，没有几个人能扛得住这种巨大的诱惑，守住最后的道德底线。在中俄边贸中，本来俄罗斯商人对中国的产品质量毫不怀疑，每年从中国进口各种成千上万的冬季服装。但后来有些中国商人见钱眼开，用鸡毛和稻草做成羽绒服卖给俄罗斯，尽管这只是少数商人的行为，但一粒老鼠屎坏了一锅粥，中国商人的整体形象和信誉被破坏掉了。中俄边贸因此大大缩水，最后吃亏的还是中国商人。

俞敏洪举了一个例子。在山东有一个蕨菜生产基地，向日本出口蕨菜成了那个地区唯一的经济来源。日本人要求把蕨菜放在太阳底下晒干了以后打包运到日本去。由于放在太阳下面晒干需要两天时间，很多人等不及，就把蕨菜收回家以后开始用锅烘烤。烘烤以后，表面上看是干的，但是日本人却发现用水泡不开了。日本人就警告这个地区的人，千万不要用锅炒，一定要放在太阳底下晒。大部分人遵守了这个规则，放在太阳底下晒。但是规则并不是说有大部分人遵守就能够维持下去的，一定要所有的人都遵守，规则才能成立。只要有一家违反，就破坏了规则。仍然有几家把蕨菜偷偷地放在锅里炒，日本人发现以后，在一天之内断绝了跟这个地区的全部蕨菜交易。这个地区一夜之间失去了所有的经济来源。现在，那里的老百姓还在贫困中挣扎，因为他们的蕨菜卖不出去了，日本人下决心绝不到这个地区收购任何蕨菜。

俞敏洪认为，从长远来说，欺骗只能换来暂时的好处，最后收获的却是永恒的痛苦。中国改革开放后的第一代商人，现在已经所剩无几，大多数都是因为欺骗而垮台或锒铛入狱；而做事草率的企业也全面倒闭。

俞敏洪说："做人也一样，你必须让别人对你事事放心，人们才会愿意和你打交道，才会把身家性命交给你。一个人如果没有诚实认真的个性，常常会使自己处于不利地位。英语中有一句谚语：'Once a cheater, always a cheater'，意思是你只要骗人一次，人们就会终生把你当作骗子对待。你不诚实和不踏实的个性，会使你在这个世界上失去很多机会。设想一下，假如新东方要在你们之间找一个合作者，那我们要找的肯定是诚恳踏实、值得信赖的人。"

俞敏洪对诚信做人非常珍视。他强调，只顾眼前的利益一定会导致人生和事业的失败。因此，"讲求诚信"始终贯穿在新东方的发展过程中。

2003 年，"非典"突然席卷全国，北京成为最敏感的疫情区，人员密集的培训学校受到了严重的影响。在此期间，许多学员不敢上课，纷纷要求学校退费，北京多所英语培训学校的资金链因此吃紧，有的学校因拒绝学员的退费要求而最终倒闭，有的学校干脆卷款走人……北京英语培训市场遭到了惨重的打击。

俞敏洪后来回忆说："'非典'期间新东方遭遇学生退款高潮，当时银行告诉我们的财务人员每天最多只能提 50 万元现金，这个数字根本就无法支付学生退款。如果学生们一排队发现无法退款的话，新东方很可能出现难以遏制的挤兑风险，一想起这些我就害怕。我找到银行领导说，'非典'一定会过去，'非典'之后如果还想让新东方把学生的学费存到你们的银行，那么请你们现在就给新东方开具一套可行性解决方案。银行方面终于答应，只要是新东方提款，提多少办多少，不设上限。提款最多的一天，新东方财务人员从银行提了 400 多万元，用以支付学生的退款。当学生们发现任何时候来退钱都能拿到现金，反而踏实了，不来了，因为他们知道新东方是有保障的，能给大家带来足够的安全感。"

2003 年 4 月 30 日，在全国各地的新东方学校都宣布停课后，俞敏洪郑重做出承诺，学员可以退班、转班，原听课证两年内有效，最大限度地保护了学生们的利益。虽然这样做，新东方会遭受巨大的经济损失，但却保护了新东方的声誉。"非典"过后，新东方的培训班场场爆满，打破了之前的纪录，以更好的形象展现在众人面前。

变成地平线上的大树

2008 年 2 月，在《赢在中国》节目中，评委俞敏洪对一位参赛选手进行点评。当时他也许并没有想到，不久之后，他当时现场即兴点评中的这段"论草与树的人生"将会激起多少人内心的狂澜。

"人的生活方式有两种，第一种方式是像草一样活着，你尽管活着，每年还在成长，但你毕竟是一棵草，你吸收雨露和阳光，却仍长不大。人们可以踩过你，但是人们不会因为你的痛苦而产生痛苦，人们不会因为你被踩了，而来怜悯你，因为人们本身就没有看到你。所以，我们每一个人，都应该像树一样地成长，即使我们现在什么都不是，但只要你有树的种子，即使你被踩到泥土中间，你依然能够吸收泥土的养分，使自己成长起来。当你长成参天大树以后，人们都能从很远的地方看到你，走近你，你能给人一片绿色。活着是美丽的风景，死了依然是栋梁之才，活着、死了都有用。"

片刻的寂静后，响起近乎狂热的掌声。俞敏洪的"树草理论"得到了《赢在中国》主持人王利芬的赞同。她说："一直以来没有为'赢在中国'的创业者找到形象代表，听了俞老师的说法之后，觉得把'树'当做'赢在中国'的形象代表很贴切。"

俞敏洪表示自己也曾是一棵无人知道的小草。学生时代，俞敏洪在北大，什么也不是，不会吹拉弹唱，不会说普通话，进入北大之初，老师和同学经常给俞敏洪的待遇就是"白眼"。

俞敏洪在大学期间是个边缘人物，非常自卑，不愿意跟大家交流。当时的俞敏洪由于得了一场肺炎，留级到了下一届，虽然俞敏洪跟了两届，但两届同学都不认为俞敏洪是他们的同学。

俞敏洪说："记得我是从北大的 80 级转到 81 级的，因为我在大学三年级时得了'肺结核'病休一年，结果 80 级和 81 级的同学几乎全部把我忘了。当时我的同学从国外回来，80 级的拜访 80 级的同学，81 级的拜访 81 级的同学，但是没有人来看我，因为两届同学都认为我不是他们的同学。我感到非常痛苦、非常悲愤、非常辛酸，甚至自己在房间里咬牙切齿，恨不得把两批同学统统杀光。"

如今，俞敏洪明白了当时这种心态是错的。俞敏洪说：当你是地平线上的一棵小草的时候，你有什么理由要求别人在很遥远的地方就看见你？即使走近你了，别人也可能会不看你，甚至会在无意中一脚把你这棵草踩在脚底下。

当你想要别人注意的时候，你就必须变成地平线上的一棵大树。人是可以由草变成树的，因为人的心灵就是种子。你的心灵如果是草的种子，你就永远是一棵被人践踏的小草；你的心灵如果是一棵树的种子，你早晚有一天会长成参天大树。不管你是白杨树还是松树，人们在遥远的地方都能看见在地平线上成长的你。当人们从你身边经过的时候，你能送他们一片绿色、一片阴凉，他们能在树下休息。因此做人的要求是你自己首先要成为地平线上的一棵大树。当你是草的时候，你没有理由让别人注意到你。

俞敏洪说："你种了一棵树，不能每天都说它长了多少，但是只要你种了，它就会生长。"

人若总想依靠大树成长，就永远只是一根藤；一旦下决心不依靠大树时，也会长成大树。

"等新东方成立之后，两届同学都追认我为最荣誉的同学了。我后来在想，其实你没理由让别人想起你，如果你是小草，人们没有必要在遥远的地方看到你，除非你是一棵树，这样人们才能在遥远的地方看到你。""北大的陈文生校长在与我谈话的时候说，'过去你以北大为荣，现在北大以你为荣'，所以我很感激北大。"

《时代周刊》曾这样称赞俞敏洪："这个一手打造了新东方品牌的中国人被称为'偶像级'的，就像小熊维尼或米奇之于迪士尼。"《亚洲周刊》评选俞敏洪为"21世纪影响中国社会的十位人物"之一。

积极心态：做主动的人

有个朋友乘船往英国，途中忽然碰到狂风暴雨的袭击，船上的人都惊慌失措，朋友却看到一位老太太非常镇静地在祷告，眼神显得十分安详。风浪过后，朋友十分好奇地问老太太："你为什么一点都不害怕呢？"老太太说："我有两个女儿，大女儿戴安娜已经去往了天堂，小女儿玛利亚就住在英国。刚才风浪大作的时候，我就向上帝祷告：'假如接我往天堂，我就去看看戴安娜；假如留我在船上，我就去看玛丽亚。'不管去哪儿，我都可以和我心爱的女儿在一起，我怎么会害怕呢？"

美国成功学学者拿破仑·希尔关于心态的意义说过这样一段话："人与人之间只有很小的差异，但是这种很小的差异却造成了巨大的差异！很小的差异就是所具备的心态是积极的还是消极的，巨大的差异就是成功和失败。"是的，一个人面对失败所持的心态往往决定他一生的命运。

积极的心态是成功的出发点，是生命的阳光和雨露，让人的心灵成为一只翱翔的雄鹰。消极的心态是失败的源泉，是生命的慢性杀手，使人受制于自我设置的某种阴影。

一个人想要获得创业成功，就必须要做到主动，要拥有一种积极的心态，只有主动的人才有可能改变自己的命运。

俞敏洪说道："如果我当年落榜、留学失败、被北大处罚后接受大家的劝说安静地过日子，现在我可能是个农民，可能是个外语系副教授，可能和很多人一样过着单位、社会为你设计的被动生活。"

俞敏洪指出，很多初入社会的人，感觉一切似乎都是在被迫中进行，总觉得一切都是在为别人做，为老板做，为主管做，逐渐养成了一种自己都意识不到的被动心理，进而产生抱怨心理。因为是为别人做的，所以自然会抱怨，对一切不满。抱怨学校、父母、工作、婚姻，甚至社会，总觉得哪里都不对劲。但其实问题是出在自己身上，出在凡事都被动的心态上。

俞敏洪表示，尽管自己当初是被动地离开了北大，但现在他的每一个决定，每一次改变，都是主动的选择。他已经从一个被动的人转变成了主动的人。一个主动的人是能更好地掌握自己命运的人。

俞敏洪建议每个人都要主动地把握自己的未来。"在把握未来的过程中，你首先要有勇气走出这种生活，而走出这种生活又需要你放弃原来的既得利益和习惯。人最坏的习惯之一就是抱住自己已经拥有的东西不放，其实一个人只要舍得放下自己那点小天地，就很容易海阔天空。当然，主动把握自己并不等于盲目出击，根据自己的专长和兴趣选择一条发展道路，也许前景暂时不算明朗，但在兴趣推动下的努力最终会帮助自己守得云开见月明。"

1991 年，俞敏洪离开北大后，原来居住的房子被北大收回了，他就租了农民的平房。俞敏洪说，当时被北大踹出来，自己感觉就像掉进了冰窟窿一样。从北大出来时没有钱，没有房子住。怎么办呢？人被逼到一定程度，就会出现勇气和智慧，就会由被动转化为主动。

像俞敏洪这样一个连北大的门都很少出的人，居然一下子鼓足了勇气，跑到北大周围的农村去找房子。俞敏洪到北大的西边一个叫六郎庄的地方转悠，终于找到一家愿意租房子的农民，谈好了每月房租 50 元左右。那时的 50 元对俞敏洪来说是相当大的一笔开支。俞敏洪当时在北大的工资是 120 元一个月。谈完后，俞敏洪发现房东家有个孩子在做作业。当时他就想，可以和房东做个交换，如果自己辅导孩子作业，也许房租就能免了。"我就和房东说，我把你的孩子辅导到全班前十名，你能不能免了我的房租，没想到他很爽快就答应了，因为他家并不十分贫困，不至于等着房租来下锅，而孩子的教育比房租要重要得多。我在他家住了一年半，我每天晚上出去上课，我爱人辅导他的儿子，结果把他儿子辅导到了全班前五名。后来我们要搬走时，这对农民夫妻死活不让我们搬，说要让我们住正房，继续辅导孩子。后来我们还是搬走了，两家人从此变成了好朋友。"

虽然这是件小事，对于很多人来说，这件事算不了什么，然而对于当时的俞敏洪——一个极其缺乏主动意识的人，不做俗事而埋头苦读的人来说，已经是向前跨出了一大步。

迈出北大校门后，俞敏洪找到他以前曾做过兼职的民办学校，继续教英语挣钱维持生计。后来教了一段时间，俞敏洪发觉老是在他人屋檐下，自己的想法施展不开，就萌生了自己要办学校的想法。"因为我看到在我任职的那两三个民办学校，他们从管理上、对学生的态度上，以及对教学的看法上，我个人的直觉就是，如果给我百分之一百的权力来管这个学校，我不出两个月，一定比它现有的管理者管得更加好。就出于这么一个心态，我觉得这个事情也许我是能够做的。因为我做有几个好处：第一，我有一个自己的学校，我即使暂时出不了国，也有一个谋生的基本的条件。第二，我如果办了一个学校，我必然会赚到更多的钱，我的出国也会变得更容易。第三，万一这个学校办好了，它可能就是我自己的一个事业的寄托。"

他开始想自己单干，于是他和这所民办大学商议，借用该民办大学的牌子，在外面办一个英语培训部。双方最终达成协议，俞敏洪上交15％的管理费。俞敏洪表示，这个世界上只要是能够给你带来快乐幸福的事情，给你带来能力成长和扩展的事情，对个人有用、对别人没有害处的事情，对社会有用、对家庭有用的事情，就勇敢地去追求！衡量一下自己的能力，能追就主动去追。

1991年的冬天，俞敏洪挂起了"东方大学英语培训部"的招牌，干起了真正属于自己的事业。

当培训班渐渐有了生气和活力的时候，俞敏洪又在寻思着从该民办大学"独立"出来，办真正属于自己的学校。"做新东方不是我主动选择，是一个被动选择，是被某种外来因素推动以后，产生的一个被动慢慢转向主动的概念。"

俞敏洪认为，人之所以被动，主要的原因是心中没有真正重大的事情要做或心中没有远大的目标要实现。一个没有自己航向的人是最容易随波逐流的人，也是最容易被各种琐碎的事情所诱惑的人。"我有一个朋友，开了一家小小的公司，却忙得不亦乐乎。我观察了他一天，发现他忙了一天所做的事情几乎没有一件是和公司未来的发展有关的，他的公司既没有战略规划，也没有近期要实施的目标，由于胸中没有雄心壮志，所以他只能以琐事来填补自己每天的空白，被无用的事情牵着鼻子走。当一个人进入这种状态时，他的生活实际上已经完全被动化了，再想把公司做大几乎已经是不可能的了。"

"主动，要求我们拥有一种积极的心态，我们天天喊着要改变生活，要取得成功，但一个被动者是不可能改变自己的命运的。当你发现自己陷在一种无能为力的生活境地时，你首先要有勇气走出这种生活，而走出这种生活又需要你放弃原来的既得利益和习惯。人最坏的习惯之一就是抱住已经拥有的东西不放，其实一个人只要舍得放下自己的那点小天地，就很容易走进宇宙的大世界。这个世界为你准备的精彩很多。同样都是人，有的人一辈子活得快乐、惊喜和成功，而有的人却活得平庸、无聊和失败。究其原因，主动拥抱生活和被动接受命运是这两种人的分水岭。"

请记住：你唯一不应该有的"主动"是"主动地回避生活的精彩"。

坦然面对人生的得与失

何谓得，得就是拥有；何谓失，失就是失去。人生的经验告诉我们，拥有时，并不代表如意；失去后，也并不表示结束。有得必有失，有失必有得，人生就是这样一个得失相伴而生的过程。

韩愈《进学解》中有一句话叫"动辄得咎"，俞敏洪把它理解为只要选择做事情，就会有得失。战国时期，长城边上有个养马的老头，大家都叫他塞翁。有一天，他的一匹马丢了，面对邻居们的劝慰，塞翁笑着说："丢了一匹马损失不大，没准会带来什么福气呢。"果然，没过几天，丢失的马不仅回家了，还带回一匹匈奴的骏马。就在邻居们都为塞翁的马失而复得高兴的时候，塞翁却忧虑地说："白白得了一匹好马，不一定是什么福气，也许会惹出什么麻烦来。"果然塞翁喜欢骑马的独生子发现带来的马神骏无比，骑马出游，高兴得有些过火，打马飞奔，一个趔趄，从马背上跌下来，摔断了腿。面对邻居们的再一次安慰，塞翁说："没什么，腿摔断了却保住性命，或许是福气呢。"邻居们觉得他又在胡言乱语。他们想不出，摔断腿会带来什么福气。不久，匈奴兵大举入侵，青年人被应征入伍，塞翁的儿子因为摔断了腿，不能去当兵。后来，他们得到消息，去打仗的青年全部牺牲了。因此，塞翁的儿子躲过了一劫。

人生之路就是在得失中前行，周而复始，永不停歇。然而人生中更多的是一种失去，无论在情感上，还是事业上都是如此，也许我们在感叹命运不济的同时，更多流露出的是失落、彷徨、伤感。

其实，人生就是在失去与得到中反复，没有失去就没有得到，只有失去了一些东西，才能激发人们得到的欲望和动力，从这个意义上说，失去也是为了得到。

俞敏洪有一个"向前走，才能收获更多"的比喻，"在我们前面有一瓶水，因为它是好东西，每个人都想得到它。为了能够得到这瓶水，我拼命向前跑，结果在我快要抓住这瓶水的时候，水被别人拿走了。但是不能因为别人拿走了这瓶水，我就不向前走，我一定还要继续向前走。这个时候，我会发现前面还有一篮子鲜花在等着我。当然，我走到鲜花面前时，可能它又被人拿走了。这个时候，我依然不能绝望，我知道失去了鲜花，但是未来还有东西在等着我。我再向前走，走得更远，就看到那台笔记本电脑在等着我，而它的价值可能比鲜花还要高。如果笔记本电脑我没有拿到手，我还要继续向前走，也许我心爱的人就在那里等着我……当你用这种心态来对待生活中的得失时，你就会知道失去的背后，还可以得到其他东西。即使你最后什么东西也没得到，你也知道自己在追求的过程中得到了生命的丰富。如果你有这样的心态，你就永远不会失落，你就永远不会失望。"

这一认知，也是对俞敏洪人生与创业的一个真实写照。坎坷的求学生涯，郁郁不得志的六年大学教师生涯，出国梦的破灭，俞敏洪最后还斯文扫地离开他所钟爱的北大校园，这对于有着很深的北大情结的俞敏洪来说，是难以承受的打击。但是俞敏洪却以常人所不及的坚忍，从这些"失去"中获得重新崛起的力量。新东方元老之一的王强曾将俞敏洪的性格比喻为芦苇，因为它看似脆弱，其实柔韧无比。

　　"关键是你要有那颗心去做那个事，而不要为眼前的得失而抓狂。如果你抱着这样的心态，知道每一次失去的背后有一个更大的目标，有更多的考验，生命中还有太多太多的事情需要你去做，你就不会再为眼前失去的东西感到痛苦了。"

　　所以，人要有一种平和心态，要善于以"事物都有正反两面"来开导自己，俞敏洪提倡要有"塞翁失马，焉知非福"的坦然，而不要为"已经打翻的牛奶瓶"哭泣。一个人需要不断地抛弃，需要抛弃过去的失败，也需要抛弃过去的成功。抛弃过去的失败，是因为失败就像黎明前的黑暗，不抛弃就没有阳光灿烂；抛弃过去的成功，是因为成功就像登上一座山峰，如果你迷恋这座山峰的风光，就没法攀登下一座更高的山峰。

　　俞敏洪认为，生活中，很多人之所以麻烦不断，无法拥有宁静、和谐、美满的生活，就是因为在很多事情上放不下，舍不得放弃，不能"去其欲"。我们常常因为面子而和别人吵架，因为不愿意道歉而和朋友断交，因为眼前利益而失去对未来的追求，因为执着于自己的观点而错过接受真理的机会。更要命的是，我们不明白问题的源头在哪里，只是抱怨社会、抱怨别人、抱怨命运，却很少能够反省自己，从自己身上寻找麻烦和痛苦的源头。

■ 延伸阅读：俞敏洪谈优秀的人

　　我总结了一下，一个优秀的人的标志和特点大概有八条：
　　第一条，一个优秀的人对生命会无比热爱。他会很高兴地每天等待着太阳出来，而没有太阳的时候，他也会很高兴地等待着下雨天的到来，在月亮阴晴圆缺的时候，总是等待着月夜那一刻的美丽……这些都是对生命热爱的标志。一个对生命热爱的人首先是爱自己，要有自信，当然不是狂妄。第二还要兼顾别人，喜欢交朋友，一个对生命热爱的人喜欢交朋友，一个天天闷在家里的人、心理阴暗的人是不太敢去交朋友的，因为他既不相信别人，也不相信自己。当然，对大自然的热爱也是对生命热爱的一个重要组成部分。这就是我原来讲课的时候反复强调的"三热爱"——爱自己、爱他人、爱自然。"三热爱"是优秀的第一个标志，我们在座的人都可以检讨一下自己，不管生命中遇到多少艰难困苦，你依然对生命保持着热情吗？不管被多少人打击，不管你被多少人欺骗，你依然对生命保持着热情吗？实际上，这是一个特别重要的优秀的标志。

第二条，有一份喜欢并且愿意专注投入的工作。在座的各位为什么能获得"优秀管理者"的称号或者是"优秀员工"、"优秀教师"的称号呢？因为你们对工作的专注，因为你们对这份工作的热爱。当然，我对新东方的事业本身很喜欢，这是一个特别重要的标志。我们听过无数的名人讲过一句话，"工作着就是幸福的"。一个人有斗志，喜欢去挑战自己做更难的工作，挑战更重要、更能锻炼自己的岗位，其实这是一个让生命充实的标志。为什么现在的官二代或者富二代、有钱人家的子女，一般来说对生命都没有真正的幸福的感受，这是因为他们缺乏我们身上这种对工作感到幸福的那种深刻的感悟。有一份你真正喜欢的工作，愿意把它深入下去，把它做得尽善尽美，同时用这份工作来获取一份收入，是再好不过的事情。

我觉得我生命中两种幸福是有的：第一是我有那么一段时间非常

专注于读书，读书使我的生命无比充实，到今天为止我也在读书；第二是工作，从小到大我几乎没有一天不工作的，小时候干农活，我是一把好手；到大学教书，我成为教书中最专注的人；我专注做新东方近二十年，一直做到今天，这就是工作。尽管工作有的时候会很累，但是没有工作会更加难受。所以，大家不要小看工作的分量，并且一定要认真地去想，这辈子我到底干什么工作最合适。

第三条，对于得失并不是很在乎。得失是什么概念呢？得到当然是无所谓，你得到东西当然会开心，不管是钱、是名誉、是地位，还是女朋友或者男朋友，还是"优秀代表"的称号，得到比较容易接受，但失去有的时候就不一定能够坦然地接受。比如说，明年评奖的时候，领导觉得应该考虑到其他人的感受，就评了另外一个人，虽然你工作比他还要优秀，但是要你让出来，你是不是就会很难受。如果就这样一个小小的事情你就会很难受，何况更大的事情呢？人有时候会失去很多东西，如果说一个人对得失，特别是对失去特别在乎，生命就会走弯路。我们可以看到很多企业家已经有了几十亿、上百亿的资产，最后还要搞金融欺诈、搞数据欺骗，想要股价高一点儿，这就是得失之心太重。所以，我常常说新东方的财务人员最好做。

为什么呢？我跟他们说的一句话就是朱镕基总理说的四个字：不做假账。永远不允许有假数据，不允许有假账，这样大家都开心，也会觉得很安全。所以，不要因为背后有利益，不要因为背后有地位和名声，就把得失看得太重。得到是人生的赏赐，失去就坦然面对。如果得失之心太重，就会非常麻烦，想要掌权，想要地位，想要金钱。有的时候，鱼与熊掌不可兼得，像一些政府官员那么有权力，能调动那么多的资源，但还要贪污，因为有了权，他还想要钱，结果这个权力又变成了贪污的最佳资源。人在任何一个岗位上，就是要饭的人都会有得失之心，所以大家一定要记住对于得失不要太在乎。

第四条，做任何事情一定要关注到别人的感受，一定要考虑到别人的利益。任何人不管说话还是做事情，不关注别人感受的，到最后自己活动的空间肯定会越来越窄。为什么？因为你老伤别人，别人就会防着你，别人就会想办法挤对你，直到把你给挤对走为止。

在新东方工作被辞退的人，一般只有两种人。第一种人是确实工作能力不够或者工作态度不好；第二种人是尽管工作能力很强，却被周围的人给挤对走了。虽然你工作能力强，但是周围没有一个人说你好，你再强也没有办法。为什么？因为这个机构的文化氛围被你破坏掉了，只能把你给挤对走。所以说，有能力的人并不一定必然都是能有好结果的人。因此，对于我们来说，要关注他人的感受，从语言上到行为上都是一个特别重要的东西。

当然，人不可能十全十美，陈向东有被我伤害的时候，周成刚有被我伤害的时候，沙云龙、汪海涛、李国富等都有被我伤害的时候，这些都是新东方总裁办公会的人员，他们有的时候被我伤害到难受得不得了，恨不得回去以后拿把锤子来砸我。但是，我还是尽力地努力做到对周围的人好，尽可能地让他们有一个好的感受。我可以坚持原则，但是我坚持原则用两种方式表达出来：一种是用严厉的、不留情面的方式；我也可以用另外一种方式表达出来，就是用友好的语言来表达我对这个原则的坚持和不可动摇性。牛根生说过一句话，我觉得他说得特别好，叫作"做的事情再好，你的心再好，但是你的嘴巴不好，就是你这个人不好"。说出去的话就像泼出去的水，你把人给伤了，人家会记你一辈子。如果我骂你是头猪，你能不记我一辈子吗？

第五条，努力地追求成就感和荣誉感。大家请记住，这个追求要符合前面那四条，否则就会变成不择手段。每个人都要有成就感和荣誉感，一个没有成就感和荣誉感的人，是不可能创造新的成就的，更不可能去创造财富。所以，人要有上进之心，这个上进之心当然就是追求成就感和荣誉感。为什么？成就感和荣誉感的基本特点就是别人承认你了，像大家现在获得了这个优秀代表的称号，说明新东方承认你，你到这儿来是有荣誉感的。刚才大家在那儿照相的时候是有荣誉感的，到这儿来跟集团领导们一起吃饭是有荣誉感的，下午去台上领奖是有荣誉感的。大家来肯定不是冲着背后那点儿奖金来的，大部分人领回奖金就请自己的团队吃饭了，很少有人拿了奖金就放到自己的钱包里。你请大家吃饭，大家很开心，觉得分享了共同的荣誉。实际上，你也不会在乎那点儿钱，但是你会在乎这份荣誉感。

假如说你获得了这个奖励，结果又给你拿掉了，你会难受至少两个月，心里会觉得很不是滋味。这背后是什么呢？是成就感和荣誉感。所以，每个人都要追求成就感和荣誉感。但是，不要把自己的成就感和荣誉感变成贪欲，如果把自己的成就感和荣誉感变成了贪欲，就会出问题。比如我对我的孩子的教导也是这样的，我说要追求上进，但是不允许因为没有得到那个名次，最后自己难过、沮丧，而是要下一次继续努力。得第一名当然很好，第二、第三名也挺好，第四、第五名也不错，哪怕排名在中间也挺好，但只要有一种感觉，就是说我下次要比这个名次再高一点点。假设说我这次是第15名，下次我能不能到第13名或者12名，我觉得这就是追求上进，就是让自己变得越来越好。这个特别重要。

我是一个追求成就感和荣誉感大于追求财富和社会地位的人。到今天为止，我看重的不是新东方给我带来多少钱，也不是新东方给我带来了多少社会地位，我看重的是我因为做事情的这种成就。新东方每年为250万名学生服务，新东方3万名员工中的大部分还是比较开心地在这儿工作，因此获得一份稳定收入，能够养家糊口，这是我觉得开心的事情，这就是荣誉感。当然，这种荣誉感包括比如新东方去美国上市，我根本就不在乎上市后我能拿多少钱，但是我却很在乎新东方代表中国的教育在世界上的这样一个形象，这就是成就感和荣誉感。所以，大家一定要记住，对于这种东西的追求要大于对金钱本身的追求。

第六条，始终不要忘记每天都要坚持不断地学习和成长。我们在座的都是优秀代表，我做一个统计，各位优秀代表们，你们一年读书量有超过20本的请举手。你看，连5%都不到，请把手放下。5%都不到，非常遗憾。新东方是教育培训机构，你们代表什么？我们在教育培训机构工作，面对的是要不断进步的人，不管是老师还是员工，读书是我们长进最重要的一个途径。当然，读书不是唯一的途径。我们要读万卷书，我们要行万里路，我们要阅人无数，我们要名师指路，我们要个人领悟，这五大要素一个要素都不可以少。但是，我们第一个要素都没有完成，别说读万卷书了，一年读20本书很难吗？相当于一个月读一本半，怎么会难呢？你在路上的时候，你坐火车、坐飞机来回的路上，一本书就读完了。你们在路上干什么呢？逛商店买包，却不买书，网上一淘就是假的LV之类的东西，几百块钱买回来，觉得挺开心。为什么不买书呢？现在网上很多电子书，可以随时读的。

我们要认真学习，我现在的读书量大概一年是50本，所以我对你们提的要求已经很低了。我肯定比你们忙，对不对？所以，大家要读书。像沙云龙老师我估计他一年的读书量大概应该是100本，陈向东老师也应该是50本以上，因为他们在讲座的时候，常常会把书中的语言用照相机拍下来，给我们讲。新东方总裁办公会的成员都还不错，还有新东方的校长们，我做过调研，让一年读书量超过20本书的举手，结果有50%以上的人举手了。

第七条，真诚、坦率、阳光的性格。就是说人家跟你打交道，一眼就能把你看透，当然不是说把你的隐私看透，而是你跟别人打交道，你绝对不会害人，一定要让人有这样的感觉。如果你一打交道，发现你不知道他心里在想什么，也不知道他最后用什么方式给你"下手"，这样的人，你还敢跟他打交道吗？肯定不敢。刚才在照相的时候，阳光之下我回头看，看到大家那么美丽的笑脸，我就觉得这就是新东方要的东西。

新东方的高层管理干部会议刚刚结束，我对人力资源部提了一个要求，就是设计出一套考评方案，这个考评方案就是对一个人的个性是不是具备激情、阳光、坦诚进行评测，未来要把这套评测系统用于新东方的招聘工作。新东方的任何员工和老师如果这第一道关过不了，不管有多大的能耐，请记住了，让他走人。新东方里那些带有阴暗心理的人，我们会让他离开新东方。我们谁都不愿意跟一个多疑、阴暗、令人恐惧的人打交道，弄得大家互相防范，要不然就是背后互相说坏话，这个很麻烦。所以，对于我们来说，这种坦诚的、真诚的、阳光的个性，是我们新东方最重要的员工文化。

第八条，不管有多大的能耐，不管多么优秀，请千万不要把自己太当人看。就是不管你面临什么情况，要有不要把自己当人看的良好的心态。不管你是校长也好，不管你是主管也好，不管你是优秀老师还是优秀员工也好，不管你是上课老师，把学生弄得对你充满了崇拜也好，你本质上就是一个普通人。如果到今天我这个地步，我还能保留一种把自己当做是普通人看的心态的话，你们没有理由不保留一个普通人的心态。任何一个把自己看作是一个人物的人，应该说他都不具备作为一个人的最基本的素质，这一条跟我上面所说的对得失不是很在乎其实是连在一起的。得失是指物上的，不把自己当人看是对自己道德水准上的。一个不管有多少成就都不把自己太当人看的人，永远是被人喜欢的人。所以，你们想要被人喜欢，不管怎样，都不能把自己太当人看。

我未必讲得全面，因为优秀的人还有很多其他的特征。但是，这八条里，你只要做到其中的任意两条，你就是一个优秀的人。这些也是我对自己提出的要求，我希望自己一辈子最后回头总结的时候，或者别人对我总结的时候，能够说俞敏洪还是一个不错的、优秀的人，我觉得就挺好了。

第三章

做事哲学：目标明确，成就就大

"做事像山"，就是做任何一件事情，只要确定了目标，就必须像爬山一样爬上去，要有和山一样坚定的意志以及和山一样不可动摇的决心。

苦难是成功的垫脚石

俞敏洪给年轻人的 8 堂人生哲学课

从小事做起，将小事做大

有这么一句古语说得好"勿以善小而不为，勿以恶小而为之"。告诫我们不要认为事情小而忽略了做它的意义和作用，凡是成就大事者，均把做好每一件小事看得很重要。正所谓："海不舍小，故能成其大，山不舍土石，故能成其高。"

古代著名工匠鲁班从单纯地练习将木头砍成四方形开始，经数年刻苦练习，最终成为名留千古的土木建筑发明家。

鲁班曾拜一名知识渊博的老工匠师傅向他学艺。他每天早出晚归，按师傅的旨意，从练习砍木头开始，经苦练到熟练以后，又开始进行砍木块、木条的基础训练。后来再制作各种小模型。日积月累，有一天他终于自己发明创造出了第一架活动小亭——现在的伞的"雏形"。后来又成为著名的工匠、土木建筑发明家。

俞敏洪认为，一个人拥有远大的理想和目标，是一件好事情，但更重要的是要对实现理想的过程和方法有清醒的认识，并且具备把大事分解成小事，再认认真真把小事做好的能力和耐心。大事业往往也要从小事情一步步做起来。没有做小事打下的牢固基础，大事业是难以一步登天的。创大业者往往都是从小事做起的。

一个会做事的人，必须具备以下三个做事特点：一是愿意从小事做起，知道做小事是成大事的必经之路；二是胸中要有目标，知道把所做的小事积累起来最终的结果是什么；三是要有一种精神，能够为了将来的目标，自始至终地把小事做好。

俞敏洪的朋友万通房地产董事长冯仑曾经说过："我拿着一杯水，马上就喝了，这叫喝水；如果我举 10 个小时，叫行为艺术，性质就变了；如果有人举上 100 个小时，死在这儿，这个动作还保持着，实际上就可以做成一个雕塑；如果再放 50 年，拉根绳就可以卖票，就成文物了。"冯仑这一观点得到了俞敏洪的认同。俞敏洪说："西方神话中有一个西西弗斯的故事。西西弗斯被宙斯惩罚，他要把一块大石头推到山顶，而每当石头被推到山顶的时候，石头又会滚到山脚去，这样他又不得不重新把石头推到山顶去……推石头其实也有很多不同的推法，当他把一块石头推到永恒的时候，大家就都知道了他，他成为永恒的故事。……西西弗斯，如果他把推石头当成一种惩罚，那么他会很难受，每天带着怨气，就像很多人工作时带着怨气一样，这样做工作是做不好的。而如果他一边推石头，一边欣赏路边的风景，感受春夏秋冬不同的景象，那么当他在山顶上看到蓝天更高更美的时候，生命就得到了升华。"

俞敏洪说："任何一个伟大的东西，都是很小的事情，甚至是很无聊的事情，对吧？但是你得认识到，日复一日地，你跟政府领导吃饭；日复一日地，你背着书包去上课；日复一日地，你处理新东方内部员工琐碎的事情……这些东西是需要你有强大的现实主义精神才能做成的。"

俞敏洪特别喜欢把一件具体的事情做得既完整又好，因为这是新东方成功的最基本保证。随着新东方的发展，俞敏洪每年仍坚持在全国各地做两三百场演讲，平均每天一场，一如新东方创办之初那样。艺术家千百次地重复着一个个唱段，俞敏洪则重复着单词、句子和一次次的授课演讲。

俞敏洪认为，人这一辈子其实做不了太多的事情，什么事情都想做等于什么事情都做不成。如果我们能把一件小事做到让自己满意，就已经很了不起了，能做到尽善尽美，就更了不起。真正伟大的创业往往都是从小事做起的。新东方最早就是教英语的培训班，只有十几个学生，连个执照都没有。直到今天，这一行的准入门槛仍然非常低。全球第一大零售巨头沃尔玛也是从小店做起，创始人萨姆·沃尔顿就是在小镇上开了一家小店卖便宜衣服。从创业的角度，开饭馆与高科技没有高低贵贱之分。饭馆开得好，可以成为麦当劳、肯德基，不比新浪、百度差。在星巴克之前，也没人想到咖啡馆可以连锁全球。

"中国有句话说，三百六十行，行行出状元。我在扬州认识一个修脚匠，你也许会认为，修脚能做成什么事情？但是，行行出状元，他修脚修成了人大代表，香港最著名的企业家用飞机把他接去香港修脚。"

俞敏洪说，要获得别人的敬意，就要精通一个领域，在那个领域中，你是最顶尖的，至少是中国前十名。这样任何时候，你都有钱可赚，有事情可做。俞敏洪原来想成为中国研究英语的前一百名，但后来发现那根本不可能。所以俞敏洪就背单词，用一年时间背诵了一本英文词典，成为单词专家，他出版的红宝书系列，从初中到 GRE 的词汇有十几本，年销量一百万册。

俞敏洪在美国听过一个故事，这个故事很让他感动。"有一个服务员，这个人天生是一个服务员，他的服务态度很好，很受顾客赞赏。后来，他开了一家自己的餐饮公司，由于有很好的服务，他的公司很受欢迎，美国所有的政治家和富翁家里只要有餐饮活动，不管多远都要用飞机接他和他的班子来做饭。美国的政治家和富翁都喜欢开私人 party，开 party 一定会请餐饮公司，这样的公司在美国有很多，但是他的公司最为有名，美国的富翁们都以能请到他为骄傲。而这个人也很有商业头脑，他又开了一家餐饮学校，然后带着自己的弟子，到全世界各个地方去，去承包那些最昂贵的、最有品位的宴会的餐饮服务。最后他买了一架波音 737 飞机，飞到各地去帮人做饭。很多人都认为，一个服务员变成了一个买波音飞机的亿万富翁，这是一个奇迹，其实，他就是热爱这一行，把它做到了极致而已。"

日复一日地进行着重复的劳作，这是一种现实主义的精神，而要将小事做大，则必须还具备一种理想主义的气质。

俞敏洪在自己的博客里曾经讲过这么一件事。有一次俞敏洪去长春，一汽的老板给老俞讲了这样一个故事。一汽有一个工人，原来在大庆油田工作，因为爱人在长春，所以调回长春，被安排在解放牌汽车生产线上做维修工作。解放牌汽车的生产线很简单，他的工作只是拧拧螺丝钉而已。后来，一汽开始生产大众汽车，引进了德国生产线，这些都是电子化生产线，因此几乎所有员工都面临解聘，下岗或转岗。这个员工在面临下岗的同时，自己开始钻研德国生产线。当时，这个生产线一旦出问题，就要把德国专家请过来，一般要花 20 万美元左右才能把生产线修好。这个只有初中毕业的普通工人，通过对生产线的不断研究，不断学习，自己出钱请专家把说明书翻译成中文，再不断研究，日日夜夜泡在生产线上，终于在半年后变成生产线的维修专家。最后他的维修能力达到了什么地步呢？他只要用耳朵听，就知道生产线哪儿出了毛病。一年以后，德国大众公司发现中国公司不再请他们去维修设备，感到很奇怪，后来发现原来这个人已经承担了大众生产线的几乎全部维修任务。

最后他成了全国劳动模范，得到了国家领导人的接见，得到了"五一劳动奖章"……这个人现在还在一汽汽车公司，已经开始负责奥迪汽车生产线的维修工作。

这位工人很了不起，最终取得了了不起的成就。俞敏洪深有感触地说："当你发现一件事情，能够把它从小事做大，并且能够逐渐地做成你自己的事业的时候，坚持做下去，就会由只是一个工作，变成一个雕塑，最后人们就会欣赏你，就会赞扬你，就会肯定你，就会承认你。"

一件最平凡的事情，只要你有把它做长久的心态，它就会变得有意义。"每天的事情都是很琐碎的，我开始做新东方的时候，一天教八个小时的课，有人问我为什么能教下去？很多老师教课是为了一堂课拿多少钱，而我教课是为了把新东方做得更大。"

"我是有这样的兢兢业业做事的本领的，我的最大的本领之一就是善于把一件小事情非常有耐心地，一步一步地往前把它做完，这是我的长处。一个人的时间和精力都是极其有限的，如果我想去做成一件事情，必须把仅有的时间和精力集中地投入一件事情中去，只有一心一意去做这个事情，才能最终让我把事情做好。"

蜗牛精神：享受奋斗的过程

在埃及有这样一种说法：能到达金字塔顶端的只有两种动物，一种是雄鹰，一种是蜗牛。

前者很容易被人想到，因为雄鹰不但会飞翔，更是天空中的王者，只有它，才能配得上是到达金字塔顶的动物。而后者却叫人不解，为何会是一只弱小的蜗牛，而不是什么森林之王，老虎猎豹等。细想一下，其实也很容易就能找出答案，是蜗牛的坚持。蜗牛其貌不扬，可它有自己的原则，即使知道自己爬得很慢，却勇往直前，从未想过要放弃。

俞敏洪在《笨有笨的好处》的文章中这样写道：有一个故事说雄鹰飞到金字塔的顶端只要一瞬间，而蜗牛爬到金字塔的顶端需要几年。同样的一件事，同样的一个目标，有些人一瞬间就能够完成，有些人却需要用一辈子的努力去实现。我们可以把那些依靠自己的天赋轻而易举就完成一个目标的人叫作"天才"，但在这个世界上，天才人物毕竟是少数，否则他们就不会被叫做"天才"了。而事实是，这个世界并不是由天才统治的，而是由那些经过艰苦卓绝的努力实现了自己的目标并养成坚忍不拔的个性的人统治的，我们可以把这些人叫做"地才"。"地才"就是脚踏实地，通过点点滴滴的努力实现自己目标的人才，他们像爬金字塔的蜗牛一样，需要超常的耐力和更多的时间去实现目标。

有一首名为《蜗牛》的歌，歌词是这样的：

该不该搁下重重的壳

寻找到底哪里有蓝天

随着轻轻的风轻轻地飘

历经的伤都不感觉疼

我要一步一步往上爬

等待阳光静静看着它的脸

小小的天有大大的梦想

重重的壳挂着轻轻的仰望

我要一步一步往上爬

在最高点乘着叶片往前飞

让风吹干流过的泪和汗

总有一天我有属于我的天

……

在俞敏洪看来，虽然蜗牛的行动慢腾腾的，却往往能取得令人刮目相看的成就。俞敏洪举了一个他小时候的例子，小学语文老师要求所有学生把课文背出来，很多同学只要在课余时间把课文读几遍，就能够到老师面前去背诵了。背出来后，老师会在课文标题的上方用钢笔写上一个大大的"背"字，表明该同学已经把课文背出来了，背出课文来的同学从此就可以万事大吉，不用再遭受老师的白眼和折磨了。但俞敏洪无论怎么努力，都做不到当天就把课文背出来，通常要努力好几天或者一个星期，读上成百上千遍，才能够把课文背出来，因此没少挨老师的批评。后来好处也渐渐显现出来，那些背诵速度很快的同学，又很快地把背出来的课文忘记了。原来速度和遗忘成正比，背诵的速度越快，遗忘的速度也越快。而俞敏洪由于要背无数遍才能够把课文烂熟于心，就不太容易忘记了。到期末考试的时候，很多同学又开始重新背课文，而俞敏洪依然能够把很多课文从头背到尾，不用花太多的时间就能够应对考试。

俞敏洪认为，世界上没有那么多的天才，又有多少人能够一步登天？奇迹并不是那么容易发生的。与其天天幻想好运和机遇降临在自己身上，不如踏踏实实一步一个脚印，学学小小的蜗牛又何妨呢？它们总是默默地创造着奇迹，过程是那么寂寞和不起眼，结果却总是出人意料。人贵有自知之明，意识到自己需要比别人付出更多努力才能成功，所以笨鸟先飞，这是迈向成功的开始，而在行进的过程中拥有足够的耐心和毅力，这是由"地才"迈向"天才"的重要条件。

到达金字塔塔尖，固然都是雄鹰和蜗牛的终极目标，但是，真正的成功者还应该懂得享受奋斗的过程。俞敏洪这样说道："鹰和蜗牛站在金字塔顶部，它们到达了同样的高度，但鹰是一下子飞上去的，很快也很容易，它觉得平常。而蜗牛是一步步爬上去的，很艰难，但它很快乐，很珍惜顶部的风景和感觉。"

"如果有一件事情摆在我的面前需要我去完成，我宁可选择更艰难的道路，就像蜗牛一样爬上金字塔而不是像雄鹰一样飞上金字塔，我的生命会因此而留下更多的回忆和令人感动的瞬间。做一件事不需要努力，就像谈恋爱不需要追求，登山不需要攀爬一样，不会给我们的生命留下任何足以品尝的味道。当我们站在某一个点上回望过去，凡是能够珍藏心中的日子都是我们付出了汗水和艰辛的日子，是回忆起来让我们感动得泪流满面的日子。"

和山一样坚定的意志

"做事像山"，就是做任何一件事情，只要确定了目标，就必须像爬山一样爬上去，要有和山一样坚定的意志以及和山一样不可动摇的决心。

俞敏洪说，看过《阿甘正传》的人没有一个不被阿甘的生命轨迹所感动，阿甘是一个笨人，是一个傻人，却又成了人们心目中最成功的人。他因为被同学欺负不得不拼命奔跑，结果成了跑得最快的橄榄球队员；他傻得连自己的命都不要抢救战友，结果成了民族英雄；他废寝忘食地练习乒乓球，结果打成了世界冠军；他努力捕虾一无所获但决不放弃，结果成了最著名的捕虾大王；哪怕他没有目的地环球跑步，也为他赢得了一大堆的追随者。"我们可以得出的结论是：一个笨的人并不等于没有成就的人，他身上只要具备两样东西就能够像阿甘一样有收获。这两样东西，一是目标，一是专心的坚持。而结果就会自然而来的，就算没有结果，也会有收获，因为你毕竟有了与众不同的经历。"

俞敏洪认为，自己性格里还是有一种坚韧性，那就是不会随便放弃。"我高考考了三年，第一年没有考上，第二年没有考上，我还坚持第三年，我不知道马云坚持高考到第三年是什么理由，我坚持到第三年的理由可能是来自我的个性，我想既然考了两年，不考第三年吃亏得很。为了对自己有一个交代……很简单的想法。这是我个性中的一个特点，我做事情要么不做，要做我会做到自己相对满意的状态，或者是至少在几次失败之后最后完全没有希望了才会放弃，后来就考了第三年，然后就进北大了，并不是说第一年高考非北大不去，只是第三年考出来到了北大的录取分数线。我高考三年不是为了上北大的梦想而奋斗的过程，而是为离开农村的愿望奋斗的过程。"

俞敏洪在很多场合都重复过这句话：我比较有耐力，有目标，认定了就坚持去做，并且愿意没有时间限制地去做。

经过两次高考失败之后，在大年初一的早晨，睡不着的俞敏洪坐在自己的床上，静静地想着自己的前途。不经意地翻开了一本英语书，就读了起来，就这样，从早上开始读英语、背英语，直到天黑，一天共背了 6 篇文章，从此找到了读英语的感觉，知道了什么是语感。这种感觉导致他下了重新复读的决心。当年的寒假就放了一个星期，俞敏洪一天没落下功课，整天背课文。最后，四五十篇课文被俞敏洪背得滚瓜烂熟。

不知不觉，俞敏洪超过了很多同学，在 1980 年 3 月份第二学期的时候，俞敏洪的成绩就变成了全班第一。成绩赶上来以后，俞敏洪还抽出时间辅导成绩比较差的同学。

1980 年的高考开始了，英语考试时间是两个小时，俞敏洪仅仅用了 40 分钟就交了卷。俞敏洪的英语老师大怒，迎面抽了俞敏洪一耳光，说今年就你一个人有希望考上北大，结果你自己给毁了。他认为俞敏洪这么快就交卷，肯定是没有做好。但是，俞敏洪是一个典型的直觉型思维的人，如果做完题一检查，可能就改错了。

这次俞敏洪英语考了95分，并考入了北京大学。三年的高考生涯以考中北大西语系宣告结束的时候，俞敏洪的母亲说，以后老虎（俞敏洪的小名）到了北京，回不来了，尽管没老婆，这次把结婚的酒席一起请了，把家里的猪、羊、鸡全部杀了，招待全村人吃了好几天。俞敏洪的母亲用这种方式为俞敏洪庆祝，庆祝俞敏洪拔了农根。

俞敏洪村里的人从城里调了一辆拉土的大卡车，把俞敏洪从江阴一直送到了常州，俞敏洪在常州上了火车，站了36个小时到北京，一点都没感觉到累。就这样，俞敏洪进入了北京大学。

进入北大，俞敏洪第一次体会到了成功与失败的悲喜交加。刚入大学时，俞敏洪的家乡口音很重，讲英文别人听不懂，自己的听力更是不行。老师说他："你除了俞敏洪三个字能听懂外，恐怕其他什么再也听不懂了！"

俞敏洪决心改变现状。他戴着耳机，在北大语音实验室废寝忘食地练习英文听力，但是两个多月以后，不会说、听不懂的现状依然没有多少改变。这时，他想到了自己百试不爽的老办法，果断地摆脱了北大现行的教学模式的束缚而另辟蹊径。他挑了一盘尼克松讲话的磁带，抱着大录音机，钻到了北大的小树林里，开始了他的疯狂之旅。跟以前一样，他杜绝了一切人情来往，也不去上课，一天十几个小时地狂听狂背，用他自己的话说，耳朵都听绿了。后来，他把其中一部分洗掉，录上自己朗诵的声音，让同学们听。同学们说听声音像他，但他的英文不可能说得那么好。他的口语听力就这样练出来了。

俞敏洪说："我很笨嘛，只能用这种办法对付自己。"实际上，新东方也是这样苦干出来的。俞敏洪对于自己的坚忍不拔做出了这样的解释：进入北大之后，成绩平平，从来没有进过班里的前 40 名。尽管这样，我仍然很努力。早上 6 点起床，晚上 12 点睡。坚持下去，老天会给你机会的。任何时候，都不能放弃努力。

为了弥补自身人文知识上的缺陷，俞敏洪疯狂地买书、借书，为了限制俞敏洪买书，俞敏洪的母亲甚至威胁要断绝他的伙食费……

俞敏洪终于完成了他基本技能的最原始阶段的积累！正是这一基本技能的获得，处在社会零资源、赤手空拳的他，才具备了单枪匹马挑战世界的勇气和资本！

俞敏洪说，我自己不聪明，也没有过人的天赋，但我能一心一意做好每一件事，坚持做好每一个细节，所以新东方在大家的努力下，一步步长大。

一本古老的经书中记载了这样一段经验："当一切毫无希望时，我看着切石工人在他的石头上，敲击了上百次，也不见任何裂痕出现。但在第一百零一次时，石头被劈成两半。我体会到，并非那一击，而是前面的敲打使它裂开。自己打败自己是最可悲的失败，自己战胜自己是最可贵的胜利。"

俞敏洪说："我们的人生必须像连绵不绝的山脉一样，像青藏高原一样度过。生活中总是有无数的险峰在眼前，需要我们去征服，而一旦我们登上险峰后，生命中无限的风光就会展现出来，整个世界都尽收眼底。当然，攀登并不是一件容易的事情，你必须付出很多代价，但这种代价都是值得的。你爬到一个山头，如果要去另外一个山头，必须从底下开始重新攀爬，因为没有任何两个山头是连在一起的。"

在创业的过程中，一定要坚持自己的目标，并一步步去做。如今，很多人在创业初期所拥有的资金、经验以及专业特长等都十分少。这个时候最重要的不是多元发展，而是想清楚自己最擅长什么，业贵精专。纵使遇到挫折，也要静下心来，总结自己究竟哪些做得不对，如何改正。匆忙放弃，不坚持，或者看到别的行业发展良好就忍不住"红杏出墙"，否定了自己以前的目标，最后只会是两手空空。

俞敏洪说："这个世界上最难做到的就是'众人皆醉我独醒'。如果人生旅程的大部分时间都是你独自走过，若想坚持自我，就会变得相当困难。做人做事要把握的一点是即使你身处的环境极其恶劣，你也要坚定自己的信念。这个信念是指你要有做人做事的标准，本来应该做，但是别人不做或者别人不愿做的事情，你要努力去做，并且把它做好、做精、做深、做透。"

目标有多大，成就有多大

有一个流传很广的小故事：在一个建筑工地上有三个工人在搬砖，问第一个人，你在干什么？他说："我在搬砖，在干活呢。"问第二个人，你在干什么？他说："我在挣钱，一家人指着吃饭呢。"再问第三个人，你在干什么？他说："我在建设一座雄伟的大厦。"这样三个人的回答不一样，三个人的人生也不一样。第一个人一辈子只给别人搬砖，第二个人挣了点小钱，只有第三个人成为一位了不起的设计师。

圣经说：你定意要做何事，必然给你成就，亮光也必照耀你的路。

有一位瘦子和一位大胖子在一段废弃的铁轨上比赛走枕木，看谁能走得更远。

瘦子心想：我的耐力比胖子好得多，这场比赛我一定会赢。开始也确实如此，瘦子走得很快，渐渐将胖子拉下了一大截。但走着走着，瘦子渐渐走不动了，眼睁睁地看着胖子稳健地向前，逐渐从后面追了上来，并超过了他，瘦子想继续加力，但终因精疲力竭而跌倒了。

最后，在极大好奇心的驱使下，瘦子想知道其中的秘诀。胖子说："你走枕木时只看着自己的脚，所以走不多远就跌倒了。而我太胖了，以至于看不到自己的脚，只能选择铁轨上稍远处的一个目标，朝着目标走。当接近目标时，我又会选择另一个目标，然后就走向新目标。"

随后胖子颇有点哲学意味地指出："如果你向下看自己的脚，你所能见到的只是铁锈和发出异味的植物而已；而当你看到铁轨上某一段距离的目标时，你就能在心中看到目标的完成，就会有更大的动力。"

人生也是这样，你有目的或目标吗？你一定要有个目标，就像你无法从你从来没有去过的地方返回一样，没有目的地，你就永远无法到达。[①]

斯坦福大学有一个非常著名的针对目标对人生影响的跟踪调查，调查的对象是一群智力水平、学习能力、学习条件差不多的年

---

①目标的威力：瘦子与胖子的比赛[OL].校迅通博客，2009.4

轻人，调查结果发现：27% 的人没有目标，60% 的人目标模糊，10% 的人有清晰但比较短期的目标，只有 3% 的人有清晰且长期的目标。20 年的跟踪研究，结果十分有意思：那些 3% 的有清晰且有长期目标的人，20 年来几乎不曾更改过人生目标，20 年来他们都朝着当初定下的方向不懈努力，20 年后他们几乎都成为行业领袖、社会精英，几乎都成为社会各界的顶尖成功人士；那些 10% 的有清晰但比较短期的目标的人，20 年后大多生活在社会的中上层，成为各行各业不可或缺的专业人士，如医生、律师、工程师、高级主管等；那些 60% 的目标模糊的人，20 年后几乎都生活在社会的中下层，没有什么特别的人生成绩；剩下的 27% 的没有目标的人，20 年后几乎都生活在社会的最底层，常常失业，常常抱怨他人，常常抱怨社会，常常抱怨人生。

一个人的成长和他的目标有关。一个事业能够做多大，同样和设定的目标有关。如果目标明确，那么取得的成就就大，否则，永远不会有大的突破。

俞敏洪表示，当初自己在马路旁边的电线杆上刷糨糊的时候，心中是有目标的，就是要把新东方做好、做大。就好像两个乞丐，一个乞丐只是为了填饱肚子而要饭，另一个乞丐要饭是为了实现登上喜马拉雅山的理想，自然两者的结果就不一样了。

曾经有记者问中国著名的企业家、万象集团的鲁冠球，"你为什么能够成功？"他说了九个字："有目标、沉住气、悄悄干。"他是一个农民出身的企业家，他也是那一代企业家中唯一一个三十多年都没有倒的人。他先做一个小公司，后来做成万象集团，他把成功的方法用这九个字全部说尽了。

俞敏洪说："一个人要出发之前，先得问问自己到底要走到哪里去，如果不知道走到哪里就出发，那叫作徘徊或盲动。定目标不仅仅是简单的设定目标的问题，还有定的目标是否切合实际和符合自己能力的问题。"

"什么是有目标呢？如果你早上起来，发现今天什么事都不用做，第一天，也许你感觉挺轻松，第二天，你会很迷茫，第三天，你就想找栋高楼跳下去。有目标，就意味着你心中有一个梦想，想去实现。你找不到工作，那明天起来就开始找工作，这就是幸福，因为有目标可以追求；如果你有了工作，你想变成部门经理、公司副总、总裁，这也是目标；如果你想创业，想自己干伟大的事业，这都是目标。有了目标，你就不会犹豫、不会摇晃、不会迷茫，每天起来，都觉得自己有事可以干。"

"砖头的不断积累"

俞敏洪的父亲是个木工，常帮别人建房子，每次建完房子，他都会把别人废弃不要的碎砖乱瓦捡回来，久而久之，俞敏洪家院子里多出了一个乱七八糟的砖头碎瓦堆。俞敏洪搞不清这一堆东西的用处，直到有一天，他父亲在院子一角的小空地上开始左右测量，开沟挖槽，和泥砌墙，用那堆乱砖左拼右凑，一间四四方方的小房子居然拔地而起。

当时俞敏洪只是觉得父亲很了不起，一个人就盖了一间房子，然后就继续和其他小朋友一起，贫困但不失快乐地过他的农村生活。"等到长大以后，才逐渐发现父亲做的这件事给我带来的深刻影响。从一块砖头到一堆砖头，最后变成一间小房子，我父亲向我阐释了做成一件事情的全部奥秘。一块砖没有什么用，一堆砖也没有什么用，如果你心中没有一个造房子的梦想，即便拥有天下所有的砖头也是一堆废物；但如果只有造房子的梦想，而没有砖头，梦想也没法实现。当时我家穷得几乎连吃饭都成问题，自然没有钱去买砖，但我父亲没有放弃，日复一日地捡砖头碎瓦，终于有一天，有了足够的砖头来造心中的房子。"

后来的日子里，由这件事情凝聚而成的精神一直在激励着俞敏洪，也成了他做事的指导思想。俞敏洪在做事的时候，一般都会问自己两个问题：一是做这件事情的目标是什么，因为盲目做事情就像捡了一堆砖头而不知道干什么一样，会浪费自己的生命。第二个问题是需要多少努力才能够把这件事情做成，也就是说需要捡多少砖头才能把房子造好，这就要有足够的耐心，因为砖头不是一两天就能捡够的。

"我生命中的三件事证明了这一思路的好处。第一件事是我的高考，目标明确：要上大学。前两年我都没考上，我的砖头没有捡够，第三年我继续拼命捡砖头，终于进了北大。第二件事是我背单词，目标明确：成为中国最好的英语词汇老师之一。于是我开始背一个一个单词，在背过的单词不断遗忘的痛苦中，我父亲捡砖头的形象总能浮现在我眼前，最后我终于背下了两三万个单词，成了一名不错的词汇老师。第三件事是我做新东方，目标明确：要做成中国最好的英语培训机构之一。我就开始给学生上课，平均每天给学生上六到十个小时的课，很多老师倒下了或放弃了，我没有放弃，十几年如一日。每上一次课，我就感觉多捡了一块砖头，梦想着把新东方这栋房子建起来。到今天为止，我还在努力着，并已经看到了新东方这座房子能够建好的希望。"

伟大与平凡的不同之处在于一个平凡的人每天过着琐碎的生活，但是他把琐碎堆砌出来，还是一堆琐碎的生命。所谓伟大的人，是把一堆琐碎的事情，通过一个伟大的目标，每天积累起来以后，变成一个伟大的事业。

俞敏洪认为，生活之路由两大内容组成：生命不同阶段的目标和实现这些目标的过程。目标固然十分重要，因为没有目标，生命就没有了方向。但实现目标的过程必不可少，生命的全部精彩都在过程之中。

俞敏洪表示，如果你为了实现一个事业目标已经竭尽全力，那么最后即使没有达到目标，但是在这个过程中，生命本身得到了丰富，这也是一种好的结果。如果你努力过，但最后失败了，那不是你的错；如果你没有努力，最后失败了，那才是你的错。人生之中，最重要的就是要明白我们的生命和事业到底是怎么回事，用一句话说就是：生命是一个过程，事业是一种结果。

分阶段实现目标

在现实中，人们做事之所以会半途而废，其中的原因，往往不是因为做事难度较大，而是觉得成功离得太远。很多企业之所以会倒闭，不是因为他们的目标太大以至于不可能完成，而是因为他们没有给自己定阶段性的目标。

我们应该将长远目标分解为多个易于达到的阶段目标，这样每达到一个阶段目标，我们都会体验到"成功的感觉"，这种感觉会强化创业者的自信心，并推动创业者稳步发掘潜能去达到下一个目标。

俞敏洪常给新东方的员工讲一个运动员的故事。那个运动员连续多年参加马拉松比赛，几乎年年夺冠。人们问他为什么能成为世界冠军，虽然他跑得并不比别人快。他说夺冠的道理很简单，"我在精神上赢得了胜利"。

为什么呢？别的运动员跑马拉松时头脑里出现的是 42 公里这个令人气短的数字，总会感觉遥遥无期、长路漫漫。跑到 20 公里的时候，一想前面还有 20 多公里，越想越胆怯、越想越烦躁。而那位冠军不一样，比赛之前他会详细地考察一下路程，把 42 公里划分成 6 个阶段，每个阶段都有一个标志，7 公里的地方有一个加油站，再过 5 公里有一座桥。跑到加油站，第一个目标完成了，跑到那座桥，第二个目标完成了，再跑到一个十字路口，第三个目标也完成了。由于他在自己的内心设定了分阶段、分层次的目标，势必在精神层面超越他人、超越自己。对于长跑运动员来说，"目标阶段论"是一种难能可贵的境界，这种境界保证了他能在激烈的竞争中占据主动、抢占优势。

俞敏洪认为，一个人的梦想也是一样的，可以两年实现，也可以十年实现，两年实现和十年实现没有本质的差别。当有这样的目标在那里的时候，我们要做的是对本人做一个计算，我离那个目标有多少距离，需要花多少时间走到。给自己定了目标，还要知道怎样去实现它。从某种意义上说，享受工作乐趣、树立具体目标和脚踏实地工作同样重要。

然而很多人对自己和目标之间的吻合性和分析是非常不够的，

这样导致的结果是这个目标永远不能实现。

一个人一开始就想做比尔·盖茨，学哲学的一上来就想超过黑格尔，这种人最终会一事无成。

俞敏洪指出，有了目标以后，要分阶段地去实现。"假如你的目标是爬珠穆朗玛峰，如果你现在就去爬，你爬到 6000 米就会倒下，你非死不可。你需要一步一步地去爬，你要经过三年到四年的爬山训练，从爬 2000 米的山开始，再爬更高的山，先空手爬山，然后背上背包爬山，最后才爬珠穆朗玛峰。王石爬过很多雪山，他把几大洲的雪山都爬完了，最后才爬珠穆朗玛峰。"

俞敏洪认为，人要不断地给自己创造成就感，可以通过设立阶段性目标来拥有这种成就感。出国留学失败后，俞敏洪就重新确定比较现实的小目标，那就是要赚点钱养家糊口。"赚钱这个目标是很平凡，关键是看你怎么看待赚钱这件事。比如说有些人本身没有什么能力，一上来就想赚大钱，一点基础都没有就想做大事业，那肯定是不行的，也不会成功。所以说正确对待自己的能力很重要。"

俞敏洪当时的目标很简单，就是一天赚 30 块钱。因为俞敏洪每天上一次课，当时一次课就是 30 块钱。当俞敏洪达到了一天赚 30 块钱的目标后，他就开始想更高的目标，后来俞敏洪就一天上两次课，一天赚 60 块钱。再后来，俞敏洪看到别人办培训班，一天能赚 600 块钱，他就想我是不是也试试，因为自己的能力不比别人差，于是俞敏洪也开办了自己的培训班。"这就是一天一天进步的精神，这就是蚂蚁搬泰山的精神。如果一开始就让我创办现在规模的新东方学校，那我会被吓死的。"

任何一个高的目标都可以分成许多小的目标来实现，即使不能一下子达到最高目标，你只要一步步向前走，最终就能实现。

每一个目标的实现都是为你下一个更高的目标做准备的。俞敏洪认为，做任何事情，无论有多难，你只要做到分几步走，就一定会成功。

俞敏洪表示："人应该有这种宏大的理想，但更要知道去实现这个理想的具体的每一步应该怎么走。""我所做的每一步计划是能够实现的，不管是三年两年，通常我能想清楚这些步骤，一步步去做……正因为我个性中有这种喜欢看得见摸得着的东西，所以到现在为止，新东方处于一种比较踏实的状态。

"在走向人生的目的地之前，先为自己设计一张人生地图是十分重要的，你在地图上要把起点标出来，把目的地标出来，把到达目的地的路径标出来，还必须要有足够的心理准备应付意外情况，一旦原定的路径走不通，就要知道如何确定新的路径。

"人生不仅仅是为了走向一个结果，同样重要的是走向结果的路径选择。有一张人生的地图在手中，走在风雨中你就不会迷失方向，你的一辈子就会比你想象的走得更远，到达的目的地就会更多，因此，你的人生也就会有更多的精彩。"

急事慢做：慢慢做才能做好

欲速则不达，语出《论语·子路》："无欲速，无见小利。欲速则不达，见小利则大事不成。"宋朝司马光在《与王乐道书》说道：

"夫欲速则不达，半岁之病岂一朝可愈。"谓性急求快反而不能达到目的。

欲速则不达，急于求成会导致最终的失败。做人做事都应放远眼光，注重知识的积累，厚积薄发，自然会水到渠成，达成自己的目标。许多事业都必须有一个痛苦挣扎、奋斗的过程，而这也是将你锻炼得坚强，使你成长、使你有力的过程。

对于"一万年太久，只争朝夕"的创业者来说，最不容易接受这个理念。事实上，创业本身就是一个需要长期努力的过程，因而，想要快速地成功，只会"欲速则不达。"

对于一些想急切取得成功的创业者来说，俞敏洪的建议是"急事慢做"。俞敏洪解释道："急事慢做，是指再急的事也要慢慢做才能做好……这里所说的'急事'是指那些我们主观上想要尽快完成，但实际上却需要巨大的耐心和长时间努力才能完成的事情。"

"中国有句话叫急事慢做，越着急的事情，做得越仔细、越认真，越能把事情做好。而越着急的事情，做得越快反而越做得七零八落，我把这个急事也叫作大事。"

俞敏洪强调，这里所说的"急事"不是指那些紧急的突发事件，比如有一棵树突然倒了，压在路人身上，你若不迅速把树挪开，那路人可能就没命了。这里所说的"急事"，是指那些我们主观上想要尽快完成，但实际上却需要巨大的耐心和长时间努力才能完成的事情。

"记得小时候在农村时有过一件事：为了取得更好的收成，大人们在一块地里过量施肥，水稻开始长得极旺盛，最后结出的谷子却又小又瘪。佛经里也有类似的故事：有一只毛毛虫，梦想有一天自己能够长成最大、最漂亮的蝴蝶，所以它拼命吃东西；等到化蛹成蝶时，翅膀无法承载它超重的身体，最后掉在地上摔死了。"

俞敏洪认为，凡是想要一下子把一件事情干成的人，就算他干成这件事情，他也没有基础，因为这等于是在沙滩上造的房子，最后一定会倒塌。只有慢慢地一步一步把事情干成，每一步都给自己打下坚实的基础，每一步都给自己一个良好的交代，再重新向未来更高处走出每一步的人，他才能够把事情真正地做成功。

"急事慢做"正是俞敏洪的优点。俞敏洪是一个事事慢做的人。"我从小学到中学一直成绩不好，我高考考了三年，从来没着急过，急也没有用，就只能慢慢来，最后考上了北京大学，算是好的结果。我在大学全班倒数第五名，也没怎么着急，新东方很少有员工看见我有发脾气的时候。很多的时候，你的事情做不下去了，着急，不管用，唯一的办法就是要积攒将自己壮大的力量。"

俞敏洪表示，自己办新东方的资金，靠的都是学员们一个一个交学费积累起来的。从一个班到五个班，新东方的钱越来越多，有能力租更大的教室，开更大的班。

如今，新东方上市了，全世界的投资者都在密切关注新东方的动向。以前新东方做事情可以不紧不慢，如今作为上市公司，不管做什么业务，公司的综合成长率必须要超过20%。对此，俞敏洪说道："要几百个老师与你以前老师的教学质量一样高，你得花一年时间将这些老师给培训出来，不管中国有多少外语人才，但是作为成熟的老师并没有那么多。相当于你的整个系统都要跟上，你得亲自将老师带出来。对我们来说，这是个挑战。"

至于如何应对这个挑战，俞敏洪说道："不急不慢，慢慢来。"

"越是着急的时期，越是不好做的事情，越是需要想周到再去做。另外，做事情的时候，不要被别人牵着鼻子走。有时，我们实在做不到，我就会告诉投资者，将我的股票降下来就可以了。做不到的时候说自己能做到，然后将自己豁出去，那很愚蠢。"

第四章

管理哲学：人情与规则的平衡

随着新东方不断发展壮大，新东方也必然必须告别"个人英雄主义"时代，而着手打造具备国际化眼光和职业化心态的精英团队。一个国际化、现代化的新东方的成功将不再依赖于几个"英雄"，而要依靠团队的智慧和力量，依靠正规的现代企业管理方法，依靠科学合理的制度流程，依靠创新进取的企业精神与文化。

● 苦难是成功的垫脚石 ●

俞敏洪给年轻人的 8 堂人生哲学课

在利益和人情间找平衡点

关于如何管理、如何笼络人心等等，俞敏洪在创业之初也读了不少管理著作，然而，俞敏洪平时读得最多的还是和中国古代相关的书，比如《老子》、《孟子》、《三国演义》。

宋代的开国宰相赵普说自己是"以半本《论语》治天下"，后来的俞敏洪则是用一把广告刷打江山，一部《三国演义》治新东方。俞敏洪对《三国演义》的痴迷，让他对用人与管理洞若观火，《三国演义》对于他如何协调人际矛盾，如何做好管理者，都有莫大的助益。

俞敏洪在读《三国演义》的时候，反复琢磨为什么曹操和刘备会成为天下枭雄？曹操是一个普通士兵，一个小官；刘备纯粹就是一个乡下人，最后他们各霸一方天下。如果没有曹操，刘备肯定能夺得天下；如果没有刘备，曹操肯定也能夺得天下。因为有了刘备，才有三分天下。

俞敏洪分析道："曹操手下有一大帮伟大的人物，他本身就很伟大；刘备手下也有一大帮伟大的人物，刘备也很伟大。为什么曹操对关公那么好，关公还要过五关斩六将，非到刘备那儿去？曹操手下的人，不管刘备怎么拉拢，也不到刘备手下去？这就形成了中国历史上最著名的人才争夺战。就是抢人才，人才就是一切。"

"研究曹操和刘备这两个人为什么能称霸一方？我发现，他们打天下，刘备偏重人情，用人情来拉拢人。你们都是我兄弟，打天下就是一起的，就是兄弟，结拜。曹操没跟任何人结拜过兄弟，曹操用的是什么？是利益，当然也有人情。曹操有智慧，有思想，有人品，但是他更多用的是利益和规矩。"

当初，俞敏洪请朋友们回来与他共同创业之后，每人分一个领域，自己赚钱自己花，所以也就没有了利益上的冲突，人情与利益兼顾。俞敏洪说道："我发现，企业要干好，三大块儿：一是利益，二是权力，三是人情。但是，创业之初我是个体户，我只要抓住两点，利益和人情，权力不用说，就在我手中，用好了就伟大，用不好就拉倒。"

俞敏洪认为好朋友一旦进入利益纠纷状态，朋友关系就算玩完了。所以徐小平、王强他们从国外一回来以后呢，俞敏洪就选择了每人承包一块，各人干各人的，在新东方这个屋檐下面，一起干。

在新东方原来的"诸侯割据"式的体制框架下，团队成员的利益界定非常清楚，但当事业的不断发展变化使得原有利益格局打破后，就得重新进行公司化改造，个人的利益面临重新分配。俞敏洪表示，任何人面对利益变动，都会有心态上的失衡。比如有些部门，原来的地盘没了，新的地盘也没分到，感觉上落空；外面的管理人员引进来，下面的人员成长起来，"老人"地位削弱等等。这种情况下，很多人感觉什么也得不到了，就会做出很极端的事情来。

俞敏洪认为，在新东方内部，自己并不完全排斥江湖义气，但在他看来，真正的江湖义气应该是这样：永远把他人利益和机构利益置于个体利益之上。

俞敏洪早期管理的新东方，总是在利益和人情之间找平衡点，俞敏洪也似乎找到了平衡点。"我发现，利益放在第一位，假如我给你的利益超过了别的地方给你的利益，那么，你留下来干的可能性就比较大。因为，我当时意识到，只要我手下有老师，给什么都行。第二，在给你利益的情况下，我再给你人情，你就会很舒服，你就不会到别的地方去了。当时，我的人情比较低级，就是请老师吃饭、喝酒、出去玩儿。我们是哥们儿，我们是兄弟。我当时就是在这种浅层次上，用利益和人情来调整关系的。"

俞敏洪表示，当时还没有走到调整王强、徐小平等这类人物深层次利益关系上去。因为俞敏洪认为，他们绝对是志同道合的人，思想境界是差不多的，对未来的追求也是差不多的，肯定会有利益冲突，肯定利益放在第一位，但是可以在思想的层面谈利益了。"同时由于过去深刻的友情关系，王强、徐小平从来不把我当做上级的，他们都以为他们是我的上级，在管理上不能令行禁止。这就给后来者也养成了这样的习惯。"

新东方在经受了股份改造引发的高层危机之后，俞敏洪不得不去处理这种思想层面上的利益关系，去解那个结。俞敏洪意识到，这个时候需要有一个新的组织结构出现，只有各归其位，才能把每个人的特长发挥到极致。在以友情为基础的结构里，你不能下命令、不能指挥，只能通过友情来平衡利益和权力，很可能形成一个矛盾圈和是非圈。"这个问题如果得不到及时解决，如果没有良好的组织结构和利益分配机制，新东方很可能做不下去。"

俞敏洪说，新东方利益的重新分配，最后的那个结，就在徐小平身上，徐小平只是一个代表。这个结不解，新东方就走不动了。最后大家做出抉择，让徐小平离开董事会。

事后，俞敏洪总结说："友情上注意分寸，保留一份关心与交流，不要过于求助于友情，让友情卷到痛苦与矛盾中来。"然而，俞敏洪太注重友情，太注重别人的感觉。"我的个性看上去是宽容，过度了就是纵容的感觉。但是我没有办法，改不了，以至于新东方的管理结构没法建立，因为管理结构最重要的就是令行禁止，说一不二，我做不到。"

俞敏洪坦言："我一个人做事通常能够雷厉风行，但与一帮人做事时，要顾及这个人的面子、那个人的面子，我就变得相对软弱。有些时候都是各打五十大板，你这样做也对，这样做也错，通常会使他们不知我最终的态度。在利益分配时，总想保护每个人的利益，总想给每个人特别恰当的位置。"

俞敏洪多少次在遇到了急速扩张带来的利益、亲情、友谊的冲突时，他就开着那辆红色车大发狂奔，吓坏了身边的王强。

当企业做大之后，企业内部的管理十分复杂，这就有必要借助一种制度来对员工的行为加以规范，这是企业发展的必然规律。

上市之前的那些年，俞敏洪始终在利益和人情中间玩中庸、找平衡，搞得自己筋疲力尽、狼狈不堪。俞敏洪希望用严格的美国上市公司管理规则来规范内部，以制度说话，避免出现签名类似的人情和利益纠葛的情况，从而实现自身的救赎，让企业顺利发展。

俞敏洪说："我不愿成为利益、权力纠纷的核心点，为了维持新东方的正常运作，我的个人权力和利益就要尽可能地压缩、收窄，真心实意地为别人着想。与人为善、诚以待人，宁可天下人负我，不可我负天下人，宁可自己吃亏，不让别人吃亏。主动承担更多责任，让那些和你在一起工作、生活的人快乐、幸福。我觉得这就是我的价值观的核心体系。"

新东方上市之后，创业元老一一退出管理层，俞敏洪认为，徐小平、王强、包凡一未能进入管理层，不是一个遗憾。"如果他们进入管理层，那才叫遗憾。那样他们的长处就不能发挥出来，发挥的都是短处，那多没劲。""所以老一代人到接近上市的时候，就全部退出去了。原因很简单，上市以后的规矩我们这一代人不太能够执行。我之所以没有退出是因为上市公司的需要，以及新东方现有业务发展的需要，我是新东方的一个象征。"

新东方上市之后，王强、徐小平等一干创业元老的淡出，换来的是更加职业化、更加专业化的经理人团队，这是超越了兄弟情谊，更多依赖切实利益拼建起来的崭新结构。抛弃人才的团队组合反而让俞敏洪感到轻松。

俞敏洪说："我喜欢新东方的人为了利益来和我叫板，因为他对自己的价值估计和我对他的价值估计都可能失误，叫板能帮助双方达成平衡。"

俞敏洪接触过不少创业失败的大学生。俞敏洪问他们为什么不继续创业了，他们愤愤地告诉他，同学、朋友之间只要产生了利益关系，所谓的友谊就成了"狗屁"。俞敏洪说："你说得一点也不错，但是你要学会处理这样的矛盾。"创业之前，要有做人做事的经验积累，把心态和个性都打磨得平和而稳定，然后再去创业。

规范化：建立企业规则

由于新东方的"英雄不问出处"、"不拘一格降人才"的用人原则，给新东方带来了很多"牛人"和"怪人"。那么对这些"牛人"和"怪人"应该如何管理？俞敏洪始终在强调自己最渴望的就是找到能合作一辈子的人才，但事实上俞敏洪自己也非常清楚在新东方的教师中，很多人都有着一些或大或小的问题。

新东方是知识分子的精神家园，有着可贵的自由精神和浪漫精神。现在的新东方应该添加另外一种精神，就是自由主义和职业意识完美结合的精神。新东方的一些老师，自由精神浓厚，但是职业精神欠缺。为了保持组织的凝聚力、战斗力，老师们要有纪律约束，否则自由达到极端就成了散漫，甚至演变为一种破坏力量。俞敏洪意识到，必须要建立许多企业规则去限制他们负面的东西，而让他们表现出的东西是积极的。

俞敏洪把过去崇尚的自由精神，又增加了一个与之并重的因素："职业精神。"在他看来，大家过去是夫妻状态，夫妻之间是没什么规矩的，而现在要先小人后君子。用俞敏洪的话来说，就是"要对人性恶的一面加以限制"。有些人把俞敏洪的这种做法看成是"疑人又用，用人又疑"。显然，俞敏洪并不认可这样的说法，他说道："不能把压制某些人身上对新东方不利的因素说成是对人的不信任。"

俞敏洪认为，这是对人才的爱护。"因为我知道你可能会在什么地方出问题，所以才限制你，避免出现问题。"

俞敏洪表示，永远要做对自己有利、对别人也有利的事情。人性的黑暗面每个人都有，冲突的根源就是名利。俞敏洪总是把握这样一个原则：凡是认为这件事情可以引发人性恶的一面时，就会全力以赴地把它消灭掉。

俞敏洪举了一个例子："比如，新东方在辞退员工的时候，一定要给员工足够的补偿，这个补偿通常会超过国家规定。因为如果你亏待了员工，他人性恶的方面就会体现出来，最后一定会导致对大家都不好的结果。"

俞敏洪做事情，基本上是走一步看一步，多少带有"脚踩西瓜皮，滑到哪里算哪里"的随意性和自由性。作为知识分子，俞敏洪秉性如此，难以更改。后来才逐渐意识到规范性与一致性的重要。

2002 年，新东方全体股东做出决定，任何人的亲属都不能在新东方干。俞敏洪也当场明确表态，自己的亲戚也要全部拿下，这也标志着新东方彻底从一个家族企业转变成现代企业，这是新东方的第一次转变。

然而，对俞敏洪来说，最大的问题是把不服管理的一群人装进一个管理结构中去。其中俞敏洪自己本身就是一匹最大的不服管理的野马。"现在每人都套上笼头，这个过程不是新东方过去一年和以后一年能完成的，我估计需两三年或者四五年。如果五年以后新东方的现代化管理结构与心态没有调整完，新东方还会面临一次重大的危机。"

俞敏洪说，制度化和规范化的过程，新东方从 2002 年开始做，先把老一代人弄得半死不活。老一代人感觉上最难受，为什么？因为大家自由惯了。

2004年，新东方吸入老虎基金，从此新东方开始以国际标准锻造企业，建立起了董事会，有了制度框架下的决策层和管理层，大家围绕着一个共同的目标做事，而不是原来的"山大王"各自独大。

新东方的每一天都在和人打交道，是和一帮才华横溢、喜欢胡搅蛮缠的人斗。俞敏洪当然不希望这种内斗演化为内耗，但是这种斗争却有利于规矩的产生。俞敏洪表示，人事斗争到最后，斗出的是"规矩"。新东方的伟大在于，实现了乱中取胜，很多外界看到的"乱"有时是故意为之。董事会的稳定压倒一切，胜于一切。财务控制、人力控制、审计监察控制、教学项目支持到位，把握这四个原则，新东方不会乱。

事实上，经过历次的人员出走之后，新东方的企业制度已经相当完善。例如新东方对于高层管理者，增加了"竞业限制"，即限定新东方股东和董事以及高管层的人员，在离开新东方的一定时限内，不得从事和新东方有竞争关系的业务。

至于新东方能完成制度化、规范化的这样一个过程，俞敏洪认为，有偶然因素也有必然因素。俞敏洪如是说：

第一，毕竟新东方最初是由我一个人创办起来的，我这些朋友回来的时候，新东方已经粗具规模，他们自然而然对我的决策会有一定的敬意，因为再怎么说我是创始人。如果是一帮人一起做起来的就会有麻烦了，谁都不听谁的。

第二，新东方本身的业务发展比较健康，也就意味着大家如果合在一起干，利益上会比分开干要更加大。这个利益趋向使大家保持团结。

第三，新东方的人能够互相妥协。他们是从国外回来的，而我一直待在国内，有些东西我坚持，有些东西他们认为国外的做法是对的，这两样东西碰撞在一起激发出一系列的冲突，但是大家也能够互相借鉴，最后产生了中西合璧的管理体系，所以后来新东方算是活过来了。

俞敏洪表示，现在第二批上来的这些团队，他们进新东方之前已经受到了制度化和系统化的约束，所以他们很自然地可以接受。

管理团队的职业化

2003 年新东方成立十周年之际，新东方提出了第二个"十年战略规划"：新东方的目标是做教育事业，而不仅仅是短期培训，新东方要走多元化、国际化的道路。

2003 年到 2004 年，新东方的核心业务以年递增 50% 的速度飞速发展，所以，新东方的确存在管理跟不上业务发展的问题。2004 年，俞敏洪说："新东方处在改革和发展中，旧的管理和机制已不能适应新东方快速发展的国际化进程。新东方面临的最大问题是职业化的问题，管理者必须职业化，必须要有职业化的心态，而且要受到企业的限制。"

过去，新东方有一个吃饭文化，大家在一起吃饭聊天。可是现在俞敏洪已经很少参加了。因为俞敏洪发现有的员工或者是管理者，他会根据你的亲近程度来对你施加一些压力。甚至有人有这样一种心态，如果我跟你不是朋友，我就不一定给你拼命去干。

"新东方从员工到高级管理者，他们也都知道了什么事情跟吃饭是没有关系的，什么事情是跟吃饭有关系的。中国社会是一个没有受到过职业化训练的社会，员工大多不具备职业化心态，结果就会造成人情关系，这应该说是中国所有企业与老板都面临的一个问题。

"最大的问题就是我本人不善于做具体的管理工作。我现在考虑最多的是把位置让给能守业的人，大家都知道我在这个位置不合适，我希望通过我的努力，能够使新东方个人'山头主义'的色彩越来越淡。"

现在新东方的组织结构日益完善，人才也各归其位，大家都在自己的岗位上发挥着自己的才能和作用。2006年，新东方成功上市之后，俞敏洪说道："很少有企业的改革像新东方这样，从大乱实现大治。新东方现有管理层人员的职业化心态已经相当高了，新东方的内部斗争已经基本完结了。"

痛苦嬗变的直接结果是：新东方现在的十位校长、财务总监和审计总监等高管，过去与俞敏洪没有任何渊源。新东方内部原来与俞敏洪有关系的人和后来进入的新人，他们现在的文化理念以及平时的价值观都取得了一致，新东方的垂直管理体系从而得到了建立。

现在的新东方有三十个左右的高层干部，整体队伍都是非常年轻的，利益分配机制也比较明确，新进来的人都慢慢开始认可新东方文化，也渐渐地在成长。

随着改革的进行，现代化、国际化的新东方需要更加职业化的管理人才，需要有统一的理念、统一的模式、统一的管理，有了董事会、监事会等现代化的管理体制，对原有的各自为政的管理权力进行了应有的限制，在这个过程中，首先受到权力限制的是俞敏洪，还有其他元老层的管理者。在这种改革过程中，阵痛不可避免。"新东方要在乱中取胜，董事会的稳定压倒一切，胜于一切。财务控制、人力控制、审计监察控制、教学项目支持到位，把握这四个原则，新东方不会大乱。

"新东方是一帮知识分子在创业，不是一帮经营家在创业。我们第一代人靠自己的思想将新东方做起来，但真正进入管理状态的时候，大家发现，每个人都有一点缺憾，都有一点无能为力，好就好在我们迅速地培养了下一代。现在处理新东方具体事务的校长、总监、副总裁们都是管理水平很高的人。所以我们现在比较轻松，只要把握方向就好。

"我们管理团队的职业化一直在进行，比如我们的CFO（首席财务官）就是标准的职业经理人，拥有很强的专业背景的。其实我们很多老师过去的经历也是有工商和经济背景，老师和管理者的角色并不冲突，我不认同老师当管理者会让新东方出现问题的说法，我本人过去就是老师，新东方还不照样有很好的发展。"

2005年，新东方以百万年薪觅全球管理贤才。俞敏洪坦言道，现在新东方不缺优秀的校长和老师，许多中高层领导都是从最基层提拔起来的，如今急需专业的国际化人才，特别是在财务、市场、人力资源等领域。这部分人才，俞敏洪选择了空降高级管理人才，他说道："现在新东方急需要这样的专业管理人才，如在人力资源方面，可以为新东方搭建一套先进的十几年不过时的平台，在财务和运营方面也可以提出自己的看法和见解。新东方也将实行人才提拔双轨制度，内部培养有潜力的人员，但这需要一定的时间，而招聘来的高管则希望其能独当一面。"

创造活水源头的人力体系

与新东方同一时代，也有很多著名教师的培训班当年一时火爆，但是四五年之后则销声匿迹了。俞敏洪很早就意识到，几个名师关系好就可以凑在一起办个培训班，但是哪天关系不好就散伙了。所以新东方很早就在教学理念标准化的基础上，形成了自己的人力资源培训系统，把个人因素所带来的风险降到了最低。

俞敏洪表示，即使现在有人把新东方一半的老师拉出去再做一个学校，他相信还能够把另外一半老师培养出来。"关键不在于被取走了多少水，而在于新东方是不是有源头的活水，如果是一池塘的死水，取走一桶你就少一桶，那你就麻烦了。所以创造活水源头的人力资源体系，比保留人才的人力资源体系要重要得多。"

督导老师的机制

新东方有一个督导老师的机制，要想成为新东方的老师，必须过三关，其中非常重要的一关就是学生这一关。

俞敏洪说："他首先到人力资源部面试进行初步筛选，这点有明确的标准，比如面试时候的言谈、举止、中英文的演讲水平。如果第一关过了就进入第二关，就是进入老师试讲阶段，由学生打分，第一次失败以后，我们给他第二次机会。"

新东方的老师评比有两个机制：第一是学生参与，第二是有一个由教师委员会成员组成的小组，给老师进行评估。新东方一般给老师三次机会，如果失败了，大家会告诉他他的缺点，如果三次不行了，俞敏洪鼓励他到别的地方教一段时间，如果他觉得自己合格了，再回来教课。如果说他真的最后上了课我们觉得不行，新东方一般不会轻而易举地把他放在教室里给学生上课。

新东方会请学生志愿者去听这位老师讲课，学生不仅不花钱，新东方还要给学生听课费。这在企业中也是很独特的。志愿者既然拿了新东方的钱，就必须给这个授课的老师体无完肤的批判，告诉新东方如果只有一个老师的话，会不会选择他，为什么？

俞敏洪说："新东方会选 20 个左右的学生到某个地方听这样的老师上课，我们一般跟学生说明情况说这是试讲老师，第二我们会给学生一定的奖励作为参与新东方工作的一种鼓励。很多学生都很愿意，他们觉得自己做老师的裁判还挺有骄傲的感觉。"

在这样的感召下，免费试听的学生非常多。新东方的督导措施是非常有效的，新东方的评分等级非常的严格。

在新东方是消费者直接评判教师的，如果是北大、清华，那是体制下的产物，学生并不会直接评判教师。因而，新东方的老师淘汰率非常高。

人才自由流动

2002 年，新东方 IT 培训创始人周怀军在离开新东方后，创办了北京新科海学校。2003 年，新东方学校主管国际合作的副校长、著名 TSE（英语口语测试）教学专家杜子华离开新东方；2004 年胡敏、江博出走。

俞敏洪认为，一些教师的离开，是正常的人才流动，也是任何一个企业发展过程中正常的事情。新东方是鼓励人才走出去的，因为一般的老师两三年就会进入一个疲劳期，不停重复自己，这对人才的成长是不利的。

俞敏洪觉得人才的流动性属于比较正常的现象。因为如果老师不离开，新东方的发展速度，肯定跟不上老师进来的速度，意味着造成人才拥堵，老师也会停止发展。一个老师在新东方待了三到五年以后，他的教育风格、教学内容出现了重复。第一个是上课开始变成陈旧，第二个自己的成长受到阻碍。不教新的东西，新的东西让别的老师教，而他们坚持教旧的东西，他们自己的英语水平受到了限制，他的讲话的风格形成了固定的模式，不用备课了。除非这个老师有很大的动力支持他上课，否则生活会变得单调，而且心情变得烦躁。

当新东方老师做了一段时间之后，俞敏洪常常给老师提供两方面的机会：一个是新东方的内部调整，很多老师变成新东方的校长和管理者，就会迎接新的挑战，更加感兴趣，这不是一个钱的问题，有的时候经过调整后，新东方的老师赚的钱是下降的，但他很高兴，觉得我能学到新的东西了，这个非常重要。第二个如果新东方内部确实调不开，还有可能就是说，这个老师认为自己不适合在新东方的管理岗位工作，做老师很优秀，做管理者会出现很多毛病和很多问题。新东方只能是让他选择要不继续当老师，要不就坦率地说你自己选择出去干，所以现在新东方有一些离开了的老师，不管是被新东方轰走的还是自愿走的，只要他们愿意回来，俞敏洪都表示欢迎。

"原因很简单，正如我对全体员工说的一句话一样，新东方的老师来来往往、进进出出，这是很正常的现象，我只是希望每一个出去的老师能够比在新东方做得更加好，这样给新东方面子，也给我自己面子。"

很多人也曾质疑新东方人才的流动是否会影响员工的归属感，俞敏洪表示：归属感，是一种互相的期待，如果个人的期待超越了公司给付的范畴，那就是个人的问题而不是新东方的问题，任何公司不可能保证和满足所有人员的期待。

俞敏洪认为，新东方 20% 的流动率并不算高，其中有 10% 是新东方主动淘汰掉的，应该说这个流动率保持在可控的范围内。

那么剩余的 10% 则是人才主动出走。至于原因，俞敏洪说道："事实上，新东方也不一定能把所有的人才都留住，因为现在这个社会比较浮躁，流动性大也是正常的。"比如说，新东方的一个员工工资 8000 元，外面有机构给他 15000 元，你不能因此而给员工提工资。因为这样会出现人力资源成本上扬的局面。所以，如果这个人走了，在机构不到瘫痪的程度，我宁可让他流失掉，也不能让他打破现有薪酬体系的平衡。

但相对来说，新东方人才流失的比例比较低，人才队伍比较稳定。"如果说新东方集团流失了一些人就办不下去了，那表明新东方集团这个事业团队、体系本身并不存在多少核心能力。如果说有些人离开新东方集团了，新东方集团依然发展得很好，他们在外边自己折腾得也很好，这恰恰证明了新东方集团的价值，表明了新东方集团为中国的外语培训行业输送了很多人才。我倒是乐于听到和接受'新东方集团是外语培训的黄埔军校'这个说法。"

尽管新东方的高层管理者都签订了"竞业限制"的合同，即限定新东方股东和董事以及高管层的人员，在离开新东方的一定时限内，不得从事和新东方有竞争关系的业务，但俞敏洪说道："其实人出去了，我们根本不追究。我对他们还拼命鼓励。因为新东方只是给了你一个舞台，当你跳得不舒服了，完全可以自己再搭一个舞台。无论你的舞台多小，只要你跳得舒服，就还是我的朋友。"

批判和宽容结合的氛围

"和其他企业相比，新东方的人员结构确实比较特殊"，新东方大部分员工还都有着高学历的教育背景。俞敏洪也承认，"有部分人确实目空一切、傲视群雄"。新东方早期的班底以北大出身的为主，如俞敏洪、王强等。徐小平虽毕业于中央音乐学院，但也曾在北大任教。北大出身的人内心骄傲自不在话下，甚至有些"飞扬跋扈"。

新东方的老师们在上课的时候，经常喜欢拿俞敏洪开涮，有一次俞敏洪路过一间教室，正在上课的一个天才型的老师对学生说："老俞？哪能管新东方学校，管新东方的厕所还可以！"此话没人当真，但那种精神和气氛是真实的，而且是日常的。

事实上，类似的笑话在新东方的课堂上屡见不鲜，但俞敏洪却都是一笑了之，甚至还有点窃喜。俞敏洪不是一个时尚的人，所以穿的裤子跟上衣的颜色总是不相配，俞敏洪经过精心搭配的装扮经常成为新东方老师开玩笑的对象。

　　对此，俞敏洪如此说道："大家觉得拿老俞开玩笑是一件挺开心的事情，我觉得这是大家看得起我的表现。"俞敏洪对老师上课拿他开心的做法的解释是："这是最初新东方比较小的时候形成的传统，因为那时候，有的老师和我不存在上下级的关系，他们知道我的一切活动和底细，每个人靠近看都有很多的缺点和错误，这样构成他们开玩笑的基础。后来老师和老师之间影响，形成了一种传统，而且他们觉得我这个人比较随和，即使开玩笑过分也不太追究。另外这些老师对我大部分是比较尊重，开玩笑不是恶意的，我完全可以接受。任何企业，如果下面的员工敢拿老板开玩笑，不管当面还是背后，都是不错的表现，一旦堵住，以别的渠道发出去就不好了。"

　　俞敏洪表示，新东方是主张言论自由的地方，你在里面吼也好，你骂新东方也好，说俞敏洪也是完全没关系的，因为个人有表达思想的空间。

　　正如俞敏洪自己所言"新东方并不是十全十美"，所以教师、员工发牢骚是必然的。当牢骚、不满积累到一定的程度，必然会发生质变，唯一的方法就是要找到途径宣泄，允许教师在课堂上通过这种调侃发泄情绪，无疑是最好的办法。

　　俞敏洪认为，其实新东方人大多是性情中人，从来不掩饰自己的情绪，也不愿迎合他人的想法，打交道都是直来直去、有话直说。在新东方，似乎没有人能够逃脱被批判的命运，包括新东方创始人、董事长俞敏洪。事实上，俞敏洪是被批判得最多的人，被封为"思过斋"斋主。

　　因此，新东方形成了一种批判和宽容相结合的文化氛围。批判使新东方人敢于互相指责，纠正错误；宽容使新东方人在批判之后能够互相谅解，互相合作。这就是新东方人的特点，新东方人特有的豁达：大家互相之间不记仇、不记恨，只计较到底谁对谁错，谁公正。

俞敏洪说道："新东方有一个特别有名的文化，就是批判文化和嘲讽文化。新东方开任何会议都是不表扬的，一定是把对方的缺点和错误揪出来狠狠批判。结果，这些家伙从国外回来以后，一直到今天，我在他们眼中，从来都不是什么人物。但是我很敬重他们，因为他们在新东方创建了这么多的业绩。我们之间的互相批判是一点情面都不留的，这样做反而有好处：丑话都说在前面了，背后没有了各种风言风语，大家反而能更团结。"

在新东方，没有几个人把俞敏洪当领导看。俞敏洪说："没有任何人会因为是我犯了错误而放过我。在无数场合下，我都难堪到了无地自容的地步，我无数次后悔把这些精英人物召集到新东方来，又无数次因为新东方有这么一大批出色的人才而骄傲。因为这些人的到来，我明显地进步了，新东方明显地进步了。他们强迫我进步，因为如果我不进步，新东方就不会进步，新东方就不会有前途。没有他们，我到今天可能还是个目光短浅的个体户；没有他们，新东方到今天可能还是一个名不见经传的培训学校。正是这一批从世界各地汇聚到新东方的桀骜不驯的人，把世界先进的理念、先进的文化、先进的教学方法带进了新东方，把坦荡的做人原则和勤奋的做事精神带进了新东方。"

企业文化核心要素是理想

做事情，总是要在风格、文化上认同，要不然就是"道不同，不相与谋"。俞敏洪在"新东方"的感觉就是"用对一个人，撑起一片天；用错一个人，毁掉一片地"，尤其在中国商业规范还没有到位的情况下更是这样。

新东方的基业如何长青？在俞敏洪看来，主要是五点：第一，健全的机制筛选出具备诚信品格、博大胸怀与亲和力的领导团队；第二，强大的历史责任感和深厚的人文主义情怀；第三，系统化的商业意识和企业家精神；第四，永远做推动人类进步、发展和幸福的事情；第五，企业文化的核心要素是理想，而不是利益。

什么是新东方文化？俞敏洪说："快乐、诚实、友好、服务、团队意识。企业文化是企业的生命线，没有文化的企业是没有灵魂的。为什么这么多人喜欢新东方？我想大家都是受到新东方文化的感染和影响，从而生发出一种自豪感。总公司的员工必须是新东方文化的倡导者、传播者，总公司的员工是总部和下属机构之间的桥梁和纽带。"

俞敏洪指出，新东方如何才能成为大家的家？首先，新东方要有强大的信念、使命和文化，员工们为新东方的理念、口号和未来感到骄傲。其次，员工们与新东方和谐共振、力拓未来。再次，至为关键的是，新东方是否拥有公平和快乐的工作氛围，是否为员工提供安全保障和价值实现的土壤。"人性和爱心，愉悦和痛快，宽容和通达，他律和自律，理想和财富，这就是我理想中的新东方。"

新东方的核心价值观是新东方做事的原则。然而，俞敏洪担心的是，新东方的核心价值观是什么，一问谁都能马上朗诵出来，但根本就不知道这里面的含义是什么，最后变成了口头禅，这就是最麻烦的事情。

■ 延伸阅读：俞敏洪谈管理者能力

管理者的能力主要体现在以下几个方面，事实上，每个人都应该记住这些方面，因为作为一个普通人，也应该具备这样的能力。

有高尚的人格、人品。道理很简单，如果一个管理者很卑鄙、渺小，是没有人会真正从心里服气的。有没有能力先不说，如果你真的是有着高尚人品、道德标准很高的人，人们至少会尊敬你。在这一点上，经历风风雨雨、翻来覆去十多年，新东方团队还能聚在一起，跟新东方这些人的人品是有关系的，跟我个人的人品也有关系。我做人是有底线的，我不会超过底线去做自己认为不对的事情。

有无私的胸怀。管理者想到利益的时候先把自己的那一块利益抢好拿好，把员工的利益放到一边不管，这样的管理者一般来说都是当不长久的，因为谁都不愿意跟一个自私自利的人打交道，尤其是和自私自利的管理者。

管理者还应该有亲和的个性。一个管理者让人感到距离遥不可及，他不跟员工打招呼，整天吹胡子瞪眼睛的，员工是不愿意把真心话告诉他的。而且他想向员工了解情况，员工也不愿意把真实情况告诉他，所以亲和的个性非常重要。别的能力我可能差一点，但有一点还算是不错的，那就是我的亲和力。不管是学生还是员工，只要听过我二十分钟的讲话，就知道俞敏洪这个人其实平凡得不能再平凡了。管理者要学会把自己变得平凡。

管理者要言行一致。言行一致并不是指每句话都要实现，比如我说："明天请你吃晚饭。"结果第二天忘了，或者我说："咱们过一段时间聚一聚啊。"然后我也没安排聚会。这个算不算言行一致呢？算，但是这是小错、小节的问题。我说的言行不一致，是指说着非常高尚的话，却做着非常卑鄙的事。你说："我这个人绝对无私，绝对大度。"结果，一旦发生利益问题，你就斤斤计较，这叫作言行不一致。两极状态，一个是南极，一个北极，说一套做一套。

管理者还要有很好的洞察和判断能力。这非常重要，洞察以阻止危机发生，判断以防止决策错误。2003年爆发SARS传染病，如果有关部门早一点洞察和判断，就不会出现700亿人民币的损失，这是缺乏洞察力造成的。良好的判断就是在两种选择前面，我们到底选哪条路走下去，这个判断从商业判断到对人的判断都非常重要。当两个机会同时出现在一个管理者面前，他选择哪个机会非常重要。

管理者要有承担责任的勇气。最关键的就是有了错误要认错，认错意味着坦诚。最怕的就是管理者死活不认错，把错误推到别人身上，这样的管理者罪该万死。"我错了，对不起，这个事情我来承当，然后咱们想想这个问题怎么解决。"这样的管理者是最可爱的。

赏罚分明是管理者的另外一种能力。有时，民主的评选和大多数人的意见并不一定就是公正的判断标准，因为一个团队大多数人的利益可能会对没有资格参与的少数人的利益形成威胁。一个机构能保护所有人的利益的时候，这个机构才是公正的。作为管理者，不能因为这个人和我亲一点，那个人跟我远一点，就赏罚得多一点或是少一点，这样是不行的。此外，赏罚分明还要注意在什么时间段上赏罚最有效。有的时候罚不如赏，有的时候赏不如罚，这就需要一个时机，叫做 "the right time do the right thing"（正确的时间做正确的事情）。这对管理者的智慧是一个很大的考验。

管理者要有细节处理得体的能力。英文有句成语是："Think big, do small."（大处着眼，小处着手）这句话指的就是管理者必须具备的能力。管理者要有高度清晰的战略，走到任何一个地方能发现细节出了什么问题。管理者可以不参与每一个部分的设计和过程，但是他必须知道每一个细节的流程和标准是什么。很多大事情就栽在细节做得不到位上。新东方有一次讲座，花了很多钱租用了一个体育馆，来了近一万名学生，但讲座开始了才发现体育馆内回声很大，学生根本就听不见，结果一万名学生走掉了八千名，讲座的效果一塌糊涂。仅仅一套音响，就把一场大型讲座给毁掉了。

第五章

团队哲学：英雄不问出处

　　新东方拥有强大的团队，可以毫不夸张地说，我们这个团队在全中国是数一数二的。我们也会有矛盾，但我们绝不会有什么"散伙"或"集体辞职"之类的事情发生。这样的团队才能保障我们事业的未来，精明的人应该学会放弃，应该知道放弃的背后会得到什么。

苦难是成功的垫脚石

俞敏洪给年轻人的 8 堂人生哲学课

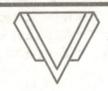

把珍珠串起来的那根线

联想控股董事会主席柳传志说："对于人才，我有一个看法，对于一般的企业来说，更需要的是管理人才，为什么这么讲？因为好的科技人才和专业人才，就像珍珠，没有线，这些珍珠成不了项链，好的科技人才我可以通过高薪把他挖过来，但挖过来之后，没有好的管理人才，他们还是起不到该起的作用。起决定作用的还是线。因此管理人才是极其重要的。有的人不是珍珠，不能像珍珠一样闪闪发光，但他是一条线，能把那些珍珠串起来，做出一条光彩夺目的项链来。"

联想最终的成功，与柳传志自愿成为那条串起李勤、倪光南、郭为、杨元庆、朱立南、马雪征、陈国栋等这些"珍珠"的"线"，有着莫大的关系。

俞敏洪曾说道："新东方的每个人都是一颗珍珠，但是在串成项链以后，价值会倍增。现在我愿意变成这么一根线，实际上我也正在做这个工作。线必须坚固耐磨，不管被什么磨都不能断，也就是说我的忍耐力、承受力和宽容度必须是极大的，只要这根线不断，新东方的珍珠项链还会再长。所以，我觉得我只要做好这根线就行了。"

　　俞敏洪在将朋友们请回国之前，那些朋友们在国外已经事业有成。俞敏洪说："徐小平游学美国、加拿大，再次见面时，已经事业有成，在温哥华拥有优雅的办公室和舒适的住房；王强两度飞越重洋并定居美国，经过超常的努力，成为贝尔实验室的高级电脑工程师；被朋友们怀疑其不食人间烟火的哲学家包凡一，在北美的现实压迫下，读完传播学硕士之后，再熬出一个 MBA，居然成了美国通用汽车公司的会计师。"

　　在新东方的创业团队里，有俞敏洪过去的师长兼同事徐小平，后来被俞敏洪说服，从加拿大回国，他创造了独特的出国留学咨询、人生咨询思想和方法，归纳了流传甚广的"新东方精神"。徐小平的新浪博客访问量达到 900 万人次，在总流量排行榜上名列前200 名之内。在一大堆娱乐明星中，一个教育学者能有如此排名，足见他在网友心目中的地位。

　　王强则是一个有名的"书痴"，他曾在著名的贝尔实验室工作，并已经拥有"软件工程师"的小康生活，但是当他和俞敏洪走在美国的街上，看到那么多中国留学生碰到俞敏洪都会叫一声"俞老师"时，深受刺激，最终下定决心回国加入新东方。他后来在英语教学界享有盛誉，这基于他所做的几件事情：第一，他在新东方开创了基础英语教学，也就是非应试类的英语培训。第二，他独创了风靡业界的"美语思维口语教学法"，所谓"美语思维"就是指以英语为母语的人在微观思维（即语言规则或说话习惯）上与我们的不同，有其特殊的规律。王强的贡献在于他把这种认识贯穿到他的教学中，并通过循序渐进的、有规律的练习强化学员的这种微观思维。第三，他编写了一系列受市场欢迎的高质量的英语教材。

俞敏洪、徐小平和王强组成了著名的"东方马车"，这是新东方发展的第二个阶段最具有标志性的东西。如今，新东方的团队，由当初的三驾马车扩展为上百人的管理团队，有行业精英如陈向东、周成刚等，也有国际空降兵如魏萍、Louis等。这些管理精锐人才遍布全国的各个新东方和加拿大的多伦多学校，使得新东方的团队力量不断加强。此外这个创业团队还包括：钱永强，美国耶鲁大学商学院MBA，新东方著名教学专家，作为投资人，他投资了交友网站世纪佳缘。周成刚，澳大利亚麦觉里大学传播学硕士，之前担任过BBC亚太部记者和节目主持人；中国英语考试培训界的领军人物杜子华，他是英语考试培训界的领军人物；胡敏当时已经是国际关系学院英语系硕士生导师……他们中的每一个人，单独拉出来都是一块响当当的名牌，更不用说这么多"牛人"齐聚给新东方所带来的轰动效应了。

这也是俞敏洪一手主导并引以为豪的事情。论学问，王强出自书香门第，家里藏书超过5万册；论思想，包凡一擅长冷笑话；论特长，徐小平梦想用他沙哑的嗓音做成校园民谣。"他们都比我厉害。但我将他们的优点吸取过来，这就发生了一个很奇怪的现象，那就是：我是他们三个的领导。"

俞敏洪的柔弱个性在新东方内部起到了黏合作用。"任何情况下，我都不会走向极端，这是新东方没有崩盘的重要原因。"

俞敏洪用了另外一个比喻形容新东方"大腕云集"状态下的自己："新东方的成功光靠我一个人是不行的，新东方的成功来自一批人的个人魅力，我唯一做到的就是把这批人笼络在一起变成一个团队——新东方的团队，典型的是每个人的个性不一样。我有一个比喻，新东方的每个人都是一颗珍珠，我愿意做把珍珠串起来的线，非常耐磨，有自我修复功能。这条线在这些珠子中不值钱，但是能把珠子串起来，变成美丽的项链。"

要做好这根线，必须具有很强的忍耐力、承受力和宽容度。自古以来，知识分子扎堆的地方，"是非"也是如影随形，一部《围城》已将这种景象描述得淋漓尽致，何况新东方的老师们大多还是充满了理想主义、浪漫激情的"才子"。徐小平、王强以及号称"耶鲁匕首"的钱永强等，个个才华能力都不逊于俞敏洪。大才子们免不了任性，彼此之间的摩擦和较量是家常便饭，内战与分裂也周期性爆发。如何管理这群知识分子，俞敏洪说，知识分子越牛，互相之间越不相容，我创造一个他们能够相容而且我能容他们的环境就行了。

俞敏洪常常跟新东方的管理层说，新东方的每一个员工，每一个管理者都是一颗珍珠，而自己愿做穿起珍珠的一根线，对这根线只有一个要求，就是它必须坚韧，不能随便断掉。因此我对自己的要求是灵魂和个性都必须坚强，都必须坚忍不拔。

俞敏洪说："创业过程中，当企业里的一些成员掌握的核心技术和核心配方不可或缺的时候，你肯定要先'锁住'这个技术团队。就像我当年创办新东方，肯定要把最优秀的老师'锁住'。创业过程中，要清醒地认识到，不管你的总经理多么能干，如果你的技术团队不能死心塌地地跟着你，企业发展还是有问题的。

"人的生命道路其实很不平坦，靠你一个人是绝对走不完的，这个世界上只有你跟别人在一起，为了同一个目标一起做事情的时候，才能把这件事情做成。一个人的力量很有限，但是一群人的力量是无限的。当五个手指头伸出来的时候，它是五个手指头，但是当你把五个手指头握起来的时候，它是一个拳头。未来除了你自己成功，一定要跟别人一起成功，跟别人团结在一起，形成我们，你才能把事情做成功。"

一定要懂得与他人分享

梁山在宋江的治理下，一派兴旺发达。众兄弟大碗喝酒，大块吃肉，大秤分金，过得好不快活。宋江治理梁山的主要手段之一，就是懂得与兄弟分享。每当"买卖"有所获，宋江总是第一个安排下功劳簿，众兄弟论功行赏，按照各人的贡献，将利润进行公平分配。按理说，宋江一个文弱书生不能上马提枪，却将梁山一干强盗治得服服帖帖，原因很简单：宋江这样的领导人，不会让大家吃亏。按经济学家的说法，就算是有人不服他，出于个人利益最大化的考虑，让宋江当头儿也是个最优选择。

作为创业者，一定要懂得与他人分享。一个不懂得与他人分享的创业者，不可能将事业做大。俞敏洪说道："我从小到大就喜欢和大家在一起玩，我小时候是比较瘦弱的，我和小孩子打架是绝对没有希望赢的。我想告诉大家，我从小到大没有打过一次架，不是因为打架我就逃走，也不是因为打架我就想办法避免掉，而是因为我有一个方法。农村孩子都很穷，我家也很穷，但是我家有两三个上海的亲戚，每年都会下乡来一趟，唯一带的就是一袋水果糖，这是上海人送给我们最高级的礼物。当时觉得这已经是天上掉下来的好东西，小孩一般就会自己放在家里，一天吃一颗，吃完拉倒，绝对不会被别的孩子发现，而我是拿出来和大家分享。过几天，小朋友到我家里玩，一人一颗，过几天再一人一颗，那袋水果糖我自己也吃几颗。我收集一大堆的糖纸，吃完了糖，糖纸必须给我。我们小时候没有什么好玩的，我就是收集糖纸、火柴盒、烟纸。"

最后形成一种状态就是所有的小朋友都围着俞敏洪转，因为他们知道俞敏洪比较大方。于是，俞敏洪就以一个非常瘦弱的身材，充当了小孩子的头。俞敏洪说道："如果有一个小孩子欺负我，我一声令下，所有的小孩子都会扑过去。我们一起出去割草的时候，我几乎不用动手，一声令下，他们就会把我的全部割完。"有时候，这个村庄的孩子和那个村庄的孩子打架，俞敏洪在搞清楚那个村庄的孩子的头是谁以后，俞敏洪就把这个头请到他家吃饭，给他一把水果糖。从此，那个村庄的孩子也听俞敏洪指挥。

俞敏洪说，我把我的东西给他们了，我用糖换来他们团结在我周围。"在生活中，我们最愚蠢的行为就是太执着于自己的东西，把自己的东西捏着不放，不愿意放弃。结果呢，你捏着不放，别人就不会把他的东西和你一起分享。没有放弃就没有得到，这是再明白不过的道理。"

糖纸理论是一种分享、让利的理论。同时，俞敏洪还用了另外一个例子来说明分享、让利的理论。"当你拥有六个苹果的时候，千万不要把它们都吃掉，因为你把六个苹果全都吃掉，你也只吃到了六个苹果，只吃到了一种味道，那就是苹果的味道。如果你把六个苹果中的五个拿出来给别人吃，尽管表面上你丢了五个苹果，但实际上你却得到了其他五个人的友情和好感。以后你还能得到更多，当别人有了别的水果的时候，也一定会和你分享。你会从这个人手里得到一个橘子，从那个人手里得到一个梨，最后你可能就得到了六种不同的水果，六种不同的味道、六种不同的颜色和六个人的友谊。人一定要学会用你拥有的东西去换取对你来说更加重要和丰富的东西。在人与人之间学会交换和分享，这个收获百倍于你一个人把六个苹果吃掉的收获。这是因为你放弃了五个苹果而获得的，所以大家想一想，放弃是不是一种智慧？"

俞敏洪讲了这样一个小故事："我们有一个同学，家庭比较富有，每个礼拜天晚上来北大的时候他都要带很多的苹果。我们刚开始非常高兴，以为是一人一个，结果，他是自己一天吃一个。而且连续吃了好几年，我们难得能吃到他的苹果。尽管苹果是他的，我们不能抢，但是我从此对他留下一个印象，就是这个孩子太自私。后来我们班很多同学成功了，他还没有取得成功。后来他来找我们说，我能不能加入你们。我们几个同学讨论了一下这个事，不能让他加入。原因很简单，我们没法肯定他跟我们一起做成事情以后，是不是会独吞他所拥有的东西。因为在大学的时候，他从来没有过分享精神。所以，对同学们来说，在大学时代的第一个要点，你得跟同学分享你所拥有的东西，感情、思想、灵魂、财富，哪怕是一个苹果也可以分成六块，大家一起吃。因为你要知道，你这样做将来能得到更多，你的付出永远不会白白付出的。"

在管理过程中，俞敏洪最大的心得就是分享和让利。正是因为让利使得俞敏洪周围形成了新东方强大的管理团队，也使新东方能够迅速发展。新东方就是这样，俞敏洪把自己所有的东西跟大家分享，换来大家对他的信任，和他一起创业。"最初，新东方百分百是我的，1995年我到国外把这些朋友请回来，我把新东方一分为五，我自己的收入立刻就降低了，但新东方做大后，我的收入又提高了。刚开始大家分块负责，我放弃了很多板块，但他们不回来，我一个人也做不大。"

"新东方要想成为最好的培训学校，就要吸引最优秀的人才。作为企业的领导者，要想留住这些相当优秀的人才，没有适当的管理方法是不行的。在这里，我用的方法就是让利。"

俞敏洪说："对管理者的让利实际上是形成了新东方强大的团队，毫不夸张地说，我们这个团队在全中国是数一数二的。我们也会有矛盾，但我们绝不会有什么'散伙'或'集体辞职'之类的事情发生。这样的团队才能保障我们事业的未来，精明的人应该学会放弃，应该知道放弃的背后会得到什么。"

"教育是一种氛围，而不是一栋楼或多少资产，新东方的上空笼罩着一股'气'，这是人才积聚、沉淀而成的。人散了，'气'就散了，事业也就不可能做大，这也是许多培训机构想要模仿新东方而无法做到的。"

俞敏洪的这种"分享理论"的激励效果十分明显，新东方进入了它的第二个发展阶段，实现了快速扩张。以学生人数为例，新东方培训，1995年学生突破1万，1996年2万，1997年4万，1998年7万，1999年14万，2000年突破20万。新东方还建立了相对完备的出国考试培训、基础外语培训、出国留学服务教学体系，并迅速扩张到全国多座大城市，真正称霸于国内英语培训市场。

俞敏洪认为，牺牲自己利益的能力，这是在任何领导人身上都必需的。"我是比较敢于放弃自己的东西来满足别人的愿望的。我小时候就是小孩子的头，原因就是我愿意把我所拥有的糖果玩具全部交给我的小朋友，自己什么都不留，所以小朋友全部都跟着我走。散财聚人就是这个概念，这个'财'还包括感情上的'财富'。"

俞敏洪说，如果管理者想到利益的时候先把自己的那一块利益抢好拿好，把员工的利益放到一边不管，这样的管理者一般来说都是当不长久的，因为谁都不愿意跟一个自私自利的人打交道，尤其是和自私自利的管理者。

包容：英雄不问出处

中国有句古话："龙生龙，凤生凤，老鼠的儿子会打洞。"魏晋南北朝时期推行九品中正制，人们凭借高贵门第便能入朝做官。相当长的一段时间内，一个人的出身曾决定着一切。步入新时期，文明发展到一定程度的人类终于发现，一个人的所作所为和他的出身并无绝对联系，人们越来越欣赏草根英雄的神奇，越来越相信英雄不问出处。

的确，英雄何须问出处？林书豪是一位NBA球员，与众多的球员不同，黄种人的身份使他显得十分特殊，他没有出色的身体条件，没有突出的先天优势，但这并不妨碍他在纽约掀起林风暴。全世界为之疯狂时，人们注意更多的是他的神奇表演，没有人再拿他的黄种人身份说事。

俞敏洪个人最大的优点是什么？"只要符合条件，什么人都敢用"，"英雄不问出处，英雄不问年龄"。任何认识俞敏洪的人恐怕都会不约而同地回答"包容性"。

俞敏洪说:"新东方对老师的重视程度,我认为全中国的任何教育机构在这一点上都比不上新东方。重在两方面,第一个是对老师的人才发掘方面和拥有方面很强,第二个是新东方比较重视发现老师的特殊才能,并且拥有很多有这个特殊才能的老师。"

很多老师具有这样的特殊才能,但是他们在真正的教育机构,比如说公立教育机构找不到工作,因此他们很异类,比如语言很张狂,但是新东方就敢用。

新东方的很多明星老师当中,要么不是名校毕业,要么不是科班出身,大多都是后天努力的结果。杜子华,毕业于山东机械学院,后到北外转学英语;胡敏,毕业于湖南湘潭大学英语系;江博,毕业于安徽教育学院英语教育系;杜伟,毕业于山东财经学院金融系;张亚哲,毕业于上海外国语大学国际新闻系……

俞敏洪强调,老师的多样化是自己追求的。任何一个老师,只要他在新东方抓住某一个特长,他就能在新东方生存下去。

新东方曾经的明星教师之一罗永浩,高一时,因为想做诗人,就弃学写诗。但他很快发现写诗养活不了自己,于是就像高尔基一样开始上"我的大学"——过了相当一段底层劳动人民的苦力生活。他自豪地告诉别人,他做过传销、卖过羊肉串、筛过沙子、当过推销员,后来偶然发现还是来新东方当个教 GRE 的高级技工挣钱较多。罗永浩给俞敏洪写过一封很长的信,对新东方的教师大加臧否,甚至连俞敏洪本人都涉及在内。俞敏洪希望新东方多几个像罗永浩这样张扬的人,这与新东方提倡的"在绝望中寻找希望"的精神太相符了。于是俞敏洪给了他三次机会。罗永浩终于在 2001 年成功打入新东方。从至今仍在网上流传的"罗永浩语录"可以看出，罗永浩进入新东方后不负厚望，确实摸索出了一套很有特色的教育方式，证明了当初俞敏洪起用他确实是"慧眼识珠"。

虽然罗永浩如今离开了新东方，并曾经发表言论说新东方是"一个100％的纯商业机构"。俞敏洪仍然表示："在我心目中罗永浩仍然是一个非常优秀的老师，我认为他是一个在新东方为数并不多的有一点思想意识的人。对于我来说，我是欣赏他才让他来到新东方的，不会因为他离开新东方，我就不欣赏他了，这不符合我做事情的原则。"

中国科学院研究生院植物研究所毕业的宋昊想来新东方教书，找不到俞敏洪，急了，打电话对办公室的人扯了个幌子："我是他大学同学，睡在他上铺的兄弟，从加拿大回来刚下飞机，要他来接我，快把他的手机告诉我。"在拿到手机号后，他转而给俞敏洪拨电话。素未谋面，俞敏洪从宋昊的话中感受到了他身上那种"狂妄"的劲儿，俞敏洪很欣赏，他同意与宋昊见面。两人见面，"神"侃一个小时之后，俞敏洪给了宋昊试讲的机会。经过试讲之后，"宋大侃"风靡新东方，风靡各网站，风靡各大学。宋昊是一个天才，而且他自己也大言不惭地自诩为"天才"。为什么呢？因为他在新东方上课从没有人轰过他。光凭这一点就很"牛"。宋昊于1994年23岁进入新东方教GRE词汇，千禧年元旦"金盆洗手"。

"不拘一格降人才"，俞敏洪自己也坦然承认，正因为自己敢用一批"牛人"，甚至"怪人"，才成就了新东方的今天。这同时也是新东方的一大特色，因为它拥有一批"牛人"老师、"怪人"老师。

团队精神：集体英雄主义

在中国最近十几年的英语培训市场上，还有一个英语培训品牌堪称奇迹，那就是"疯狂英语"。"疯狂英语"的创始人李阳凭借自己独创的喊话式英语学习法，也曾经在大学校园里流行过几年时间。但是李阳的"疯狂英语"品牌却并没有带来和新东方一样的财富。

曾有人问俞敏洪，你和李阳有什么不同？俞敏洪回答：他是个人英雄主义，我是集体英雄主义。

李阳自己反思疯狂英语的商业模式时说："新东方有数千个全亚洲最顶尖的英语老师，而我只是一个老师，差得太远了！"

华为总裁任正非曾说："公司的总目标是由数千数万个分目标组成的，任何一个目标的实现都是英雄的英雄行为所为。我们不要把英雄神秘化、局限化、个体化。无数的英雄及英雄行为就组成了我们这个强大的群体。我们要搞活我们的内部动力机制，核动力、油动力、电动力、煤动力、沼气动力……它需要的英雄是广泛的。由这些英雄带动，使每个细胞直到整个机体产生强大的生命力，由这些英雄行为促进的新陈代谢，推动我们的事业向前进。

因此，华为公司不会只有一名英雄，每个项目组也不会只有一人成功。每一次小的改进，小组都开一个庆祝会，使每个人都享受到成功的喜悦。你也可以邀请更多一些人参加，让更多人知道。当你乐滋滋的时候，你就是你心目中最崇拜的英雄。不要因为公司没有发榜，英雄就不存在。公司的管理总是跟不上你的进步，不因它的滞后而否定了你。即使发榜也只会选择少数代表，也不因为没有列入，你就不是英雄。是金子总会发光的，特别是在湍急的河流。高速发展的华为公司给你提供了更多的机会，在团结合作、群体奋斗的基础上，努力学习别人的优点，改进自己的不足，提高自己的合作能力与技术、业务水平，发挥自己的管理与领导才干，走向英雄之路。做一个从没得到过授勋的伟大英雄。"

任正非认为，英雄是一种集体行为，是一种集体精神，要人人争做英雄。他希望华为内部要多出英雄，多出集体英雄。

俞敏洪指出，人的生命道路，其实是很不平坦的，靠你一个人绝对是走不完的；这个世界上只有你跟别人在一起，为了同一个目标，一起做事情的时候，才能把这件事情做成。一个人的力量很有限，但是一群人的力量是无限的。

随着新东方不断发展壮大，职业化、规范化的改革坚定不移，新东方就必然也必须告别"个人英雄主义"时代，而着手打造具备国际化眼光和职业化心态的精英团队。一个国际化、现代化的新东方的成功将不再依赖于几个"个人英雄"，而要依靠团队的智慧和力量，依靠正规的现代企业管理方法，依靠科学合理的制度流程，依靠创新进取的企业精神与文化。

俞敏洪表示，过去自己一个人演独角戏时，各种成功与荣耀都集中在自己身上，自己也可以一言九鼎。但是当组织结构不断扩大，仅靠一个人的力量无法完成整个机构的运转时，听取他人的意见和建议成为管理成功的关键。每个管理者都希望成功，任何一个优秀的同事也渴望成功，让更多的优秀同事享受你让渡的荣耀是团队凝聚力形成的重要原因之一。

　　俞敏洪意识到，培训行业这个门槛要求相当低，任何一个懂点英语的人在家里开一个培训班就可以拿到一个注册学校的资格执照。所以，新东方的成功是一个团队的成功，因而也就具备了很大的竞争力。

　　俞敏洪说："我有一个比喻，新东方即使是一头大象，但是当面对一群狼攻击的时候，大象就会有困难，尽管狼咬不死大象，但是大象行动起来就会有困难。所以我觉得新东方不应该成为大象，应该成为一群能够共同合作、共同奋斗的狮子，或者说是一群狼，这样它的战斗力会更强。"

　　虽说新东方有"三驾马车"之说，但俞敏洪认为，如今，新东方已经有千军万马了，"三驾马车"的说法已经过时了。"2006年10月16日是新东方的13岁生日，我们开了一个全国性的视频会议，新东方的几千个员工同时参加，王强在这次会上说了一段话，我当时觉得挺有意思的。他说，新东方的'三驾马车'，刚开始是谁呢，是俞敏洪加上他老婆、加上他老妈，一匹公马带着两匹母马干；现在他俩来了，三匹公马一起干。

　　"还有一种说法就是俞敏洪还没有走，还有两位帮他一起干，就是新东方的财务首席官路易斯（Louis·T·Hsieh），加上陈向东，他们也算是'三驾马车'。

　　"但是整个概念是新东方已经有千军万马了，高级管理者有上百个了，从副总裁到总监，老师有上千个，员工有上千个，加起来是四五千人一起做新东方。为了新东方共同的目标，当然为了每一个人在新东方有更大的发挥，并且自己的生活能过得更好，所以应该不是'三驾马车'的概念，我个人的感觉已经是千军万马的概念了。新东方度过了一个人才缺乏期，并且新的人才更能打通道路，我们已经走进新的时期。"

在外界看来，俞敏洪、王强、徐小平被称为新东方的"三驾马车"，"三驾马车"被证实是新东方完成企业重塑的过渡性产物。

在新东方的"新马车"中，车辆和车轮主要还是过去的班底，驾驶它的人少了王强和徐小平，但多了周成刚、陈向东和谢东莹；指挥"新马车"行驶的，还有来自老虎环球基金的陈晓红，而且从架构上看，属强势力量。

俞敏洪习惯把现在的成绩归功于团队，他称上市就是被团队逼出来的，并认为新东方的每次飞跃都离不开人才的引入。

团队成员都是"孙悟空"

阿里巴巴董事局主席马云曾指出，许多人认为最好的团队是"刘、关、张、诸葛、赵"团队。关公武功那么高，又那么忠诚，刘备和张飞也有各自的任务，碰到诸葛亮，还有赵子龙，这样的团队是"千年等一回"，很难找。但是他对此却不以为然，他认为中国最好的团队不是"刘、关、张、诸葛、赵"团队，而是唐僧西天取经的团队。

马云认为，唐僧团队是个好团队，而唐僧也是个好领导。"像唐僧这样的领导，什么都不要跟他说，他就是要取经。这样的领导没有什么魅力，也没有什么能力。孙悟空武功高强，品德也不错，但唯一遗憾的是脾气暴躁，单位有这样的人。猪八戒有些狡猾，没有他，生活少了很多的情趣。像沙和尚这样的就更多了，他不讲仁、价值观等形而上的东西，'这是我的工作'，半小时干完了活就睡觉去了，这样的人，单位里面有很多很多。"

《西游记》中由唐僧率领的取经团队被公认为是一支"黄金组合"的创业团队。马云尤其推崇这支团队，认为它是最完美的团队，四个人的性格各不相同，却又同时有着不可替代的优势。

但是，如果只能从这四个人中挑选出两个人来作为创业成员的话，你会挑选哪两位？这其实是牛根生在"我能创未来——中国青年创业行动"活动现场对俞敏洪和马云提出的一道问题。

俞敏洪选择沙僧和孙悟空，马云选择了沙僧和猪八戒。两人都选择了耿直忠厚的沙僧，但是关于另一个人选，两人的选择却很有意思。

一向"语不惊人死不休"的马云这样解释他为什么选择猪八戒："最适合做领袖的当然是唐僧，但创业是孤独寂寞的，要不断温暖自己，用左手温暖右手，还要一路幽默，给自己和团队打气，因此我很希望在创业过程中有猪八戒这样的伙伴。当然，猪八戒做领导是很欠缺的，但大部分的创业团队都需要猪八戒这样的人。"

俞敏洪不赞同马云的选择，他认为猪八戒不适合当一个创业伙伴，猪八戒是很能搞活气氛，让周围的人轻松起来，但是缺点也很突出，就是不坚定，需要领袖带着才能往前走。而且猪八戒既然没信念，哪好就会去哪，哪有好吃的就往哪去，很容易在创业过程中发生偏移，在企业有钱时会（大赚一笔后）离开，在企业没钱时也很可能会弃企业而去。而孙悟空就不会这样，他是一个很理想的创业成员。俞敏洪列举了他的理由：孙悟空的优点很明显：第一，有信念，知道取经就是使命，不管受多少委屈都要坚持下去。第二，有忠诚，不管唐僧怎么折磨他都会帮助唐僧一路走下去。第三，有头脑，在许多艰难中会不断想办法解决。第四，有眼光，能看到别人看不到的机会和磨难。

当然，孙悟空也有很多个人的小毛病，会闹情绪，撂挑子，所以需要唐僧在必要时念念紧箍咒。但是，在取经路上，孙悟空所起到的作用是至关重要的。如果将西天取经比喻成一次创业过程，孙悟空就是其中不可或缺的创业成员。

新东方的团队就有些类似于唐僧的取经团队。成员个个都是"孙悟空"，每个人都很有才华，而个性却都很独立，俞敏洪敢于选择这帮牛人作为创业伙伴，并且让他们真的在一起做成了大事，成就了一个新东方传奇。从这一点来说，俞敏洪是一个成功的创业团队领导者。

这种源自北大精神的自由文化，是俞敏洪敢用"孙悟空"的因素，而且是拥有多个"孙悟空"的前提条件，这是新东方成功的关键因素之一。

员工管理理念：四项原则

"以人为本"，像一面旗帜，在企业经营管理中一呼百应。惠普的"HP Way"，摩托罗拉的"肯定个人尊严"，IBM的"接班人计划"，联想的"亲情文化"，海尔的"企业斜坡球体定律"，花旗银行的"事业留人、待遇留人、感情留人"，海信的"敬人为先"等企业理念，无一不体现出各大公司对其精髓的领悟。

通用汽车公司前总裁史龙·亚佛德说过："你可以拿走我全部的资产，但是你只要把我的组织人员留下来给我，五年内我就能够把所有失去的资产赚回来。"这深刻地说明了物质资产易得，人力资源难求的道理。因而，如何尊重人、爱惜人，发挥人的潜力，是我们每个企业管理者必须认真对待的问题。

在新东方的日常管理中，俞敏洪也紧握"以人为本"的员工管理理念。"你将人抓住了，你就什么都有了。"在新东方这样的机构里，从老师到学生，全是人，任何技术都不起作用。如何才能抓住人心呢？俞敏洪认为：对于员工，第一，报酬是否公正合理；第二，精神是不是愉悦；第三，自身是否有成长；第四，荣誉是否得到承认。

报酬是否公正合理

新东方现在还是用高薪激励教职员工。物质生活是第一条件，如果把这个都忽视掉了，那就是忽视了人性，忽视人性是做不成大事的。

早在 2000 年，俞敏洪在接受媒体采访时，曾这样说道：薪酬上，我们的老师比外面会好一点的。胡敏第一次到新东方上课，一个月后，他第一次到新东方领工资。走进俞敏洪 140 多平方米的豪宅，胡敏的感官有些不适应，一会儿，俞敏洪拿出一个黑塑料袋放在桌上说："拿着，你的工资。胡敏，只要你有种，今后的钱肯定是用袋子都装不完的，我这房子也算不了什么。"在被打劫之前，俞敏洪一直就是这样给老师发工资的。

新东方的优秀教师成为百万富翁是没有问题的。俞敏洪认为，从实际收入来说，员工对自身价值的评判与企业的评价体系并不一致。但从大局上来说，保证大部分员工愿意在这里干下去的一个重要原因是，在这里得到的报酬不会比外面差，最好比外面好。

俞敏洪说："我也在别人手下干过事情，知道当付出和得到不成正比时的不平衡感，所以我总是尽我所能让真正优秀的新东方教员感到他们的价值在这里能得到体现。"

"新东方对老师提供了相对不错的收入，新东方整体上的老师平均工资一定高于中国的平均工资。我们对老师的高低待遇是有差别的，根据老师上课量的不同，以及学生对老师的打分，他的品牌效应。但是，新东方的老师最后会有离开的。"

"给他多少钱才能留住他，我始终认为一个能干的用对的人创造的价值是一个不能干的人的五到十倍，所以，如果这个人用对了，就至少给他一倍以上的工资。我的CFO进来的时候，我答应给他股权，干了不到4个月，我就知道这个人我至少要留他三到五年。我向董事会申请，给他加了一倍的股权，董事会认为太高了，我说不高，只要他在，新东方一定会顺利上市，上市以后，股票也一定不会大波动。后来，这两件事情全部实现。"

俞敏洪认为，在语言培训已经常态化的市场上，保持优势的唯一"法宝"就是老师。基于此，新东方除了对老师进行精神激励外，每年还会对优秀老师进行股权激励。

穷教书匠，历史上教书匠从来都是跟"穷"字绑一块儿的，俞敏洪和新东方愣是把教书匠前边的"穷"字拿掉了，不仅拿掉了，而且还让教书匠变成了百万富翁，老师仅仅因为教书而能成为百万富翁。同时，新东方通过高薪吸引了很多优秀的教师，使教师们可以安心教书。

通过上市，上市前新东方的一些老师和管理者拿到的期权现在更值钱了。俞敏洪认为，中国历来传统上是把老师和清贫画等号，从新东方的角度来说，这个等号是不对的。老师应该是全中国最富有的人，因为只有老师富有了他们才能安心教书，传授知识，传授智慧，学生才能够更多受益。如果老师为了生计而奔忙的话，很多老师就会扭曲自己的教学心态。"所以我认为从生意上来说，我希望中国的老师富有，从小学、中学，到大学老师都要很富有。这样中国的教育才能真正地好起来，中国未来永久性的综合竞争实力才会好起来，它将会鼓励更多的人进入中国的教育行业，更有智慧的人回到教育行业。"

精神是不是愉悦

新东方开正式会议，半小时就布置完工作了，然后就开始讲笑话，大家特别开心，而一旦干活，每个人都很拼命。

俞敏洪认为的管理是一种宽松的管理方式。"如果你像盯贼似的，看着他们到底干不干活，这个企业就完了。对于基层员工倒是可以打卡，对那些需要创造力的员工，你就放手让他们去干，告诉他们，我就要这个目标，目标完成了，你在家睡觉，我也不管你，肯定给你发全工资，这样大家互相没有紧张情绪，心情就比较愉快。所以在新东方干活，大部分人心情愉快。"

俞敏洪认为，从精神层面上说，员工比较在意在这个企业工作是否能够不断地成长，是否能不断地学到新的东西，所处的工作环境是否融洽，精神状态是否愉悦。

新东方会在思想上鼓励员工。比如告诉老师从事这个职位有多么崇高，告诉他们要达到什么标准。俞敏洪表示：这方面的鼓励教育，新东方做得还是很多的。另外就是新东方会对老师进行各方面的培训，让老师感觉到人的生活道路是怎么一步步走过来的，最后达到一个什么样良好的境界。整体上来说，新东方12年形成了一个文化氛围，有了这个氛围以后，大家进来新东方将像"进入了一个染缸"，做事情的时候自然会带着新东方的颜色。

"教育本身就有一种崇高感。如果你做电冰箱，还得跟员工说电冰箱跟人类未来发展的关系。毫无疑问，教育本身的目的就是为了提高人的能力，提高人的精神状态。每一个新东方的员工是能感受到这种骄傲的，所以比较简单。从鼓励的角度来说，新东方越做越好，将来对人家介绍说，我在世界上最著名的教育机构里工作，无论如何这是值得骄傲的一件事情。"

俞敏洪说："如果我们'新东方'的员工每个人都板着脸上班，大家就会感觉像窒息了一样，我们给他再多的钱，他也不一定在'新东方'干了，除非他是个喜欢受气的受虐狂。"

员工自身是否有成长

俞敏洪表示："新东方给老师提供了很好的平台，外面的老师很少能给上千的学生讲课的，新东方的老师给学生讲课就是几百人、上千人，这给老师一个很好的锻炼机会。"

新东方在各个领域从董事会到国际管理层，到中层管理层，到教师管理，都是通过强有力的系统培训，让每一个人变成在自己的专业领域中最强的人。

员工的荣誉是否得到承认

最后一点，俞敏洪认为更重要的是要承认员工的荣誉。他有时也带员工出去玩，或者开会时口头上表扬表扬，员工也会觉得舒服。

只要将这四块（报酬是否公正合理、精神是否愉悦、员工自身是否有成长、员工的荣誉是否得到承认）做好了，企业的人心就笼络住了。

一只土鳖领导一群海龟

俞敏洪在哈佛演讲的时候，曾经有哈佛的学生问俞敏洪："原来想到美国来读书没有钱，现在有了钱还愿不愿意到哈佛来读书？"

俞敏洪风趣地说："我还是很愿意的，但是想一想，觉得读书太麻烦了，既然已经有钱了，我不如买一个哈佛文凭算了。"结果学生笑弯了腰。

俞敏洪的回答很风趣，但留学仍然是老俞这一辈子无法弥补的遗憾。他为了能够留学，曾经准备了数年；为了能够凑够留学的费用，他去培训学校教课，甚至因此而被北大点名批评。但是，老俞也不会为自己没有留学而感到后悔，如果当年他真的出去了，可能多了一个无足轻重的留学生，而少了一座培养了无数留学生的优秀学校。而且，更令俞敏洪自豪的是，自己这个"土鳖"有朝一日还能够领导这些喝过洋墨水的"海龟"。

1995 年，新东方开始进入急速扩张期，新东方学员超过一万人的规模。那时，俞敏洪陷入了一个困境，总觉得自己一个人干事情没劲，想要有一帮人一起干。俞敏洪说："看看那些在巨大压力下生活的老朋友，如果他们生活得很好就取取经，如果他们生活状况一般，我就忽悠他们回来一起干事业。"

"到了 1995 年年底，我让他们一起回来干，我给他们典型的刺激是什么呢？就是当时中国没有信用卡，我要到国外去看他们，我就得带一大堆现金，所以我在国内换了整整一万美元的现金出去了，带的全是一百元的大钞，所以吃饭的时候，我就只能掏现金请他们吃饭，这个给了他们很大的刺激……他们突然发现一个原来在班里完全不起眼的，被大家几乎是看不起的这么一个同学，没有任何人会想到说他会做一点事情来，现在拿着大把的美钞，跑到国外来这样炫耀，按照他们的说法是炫耀。他们觉得俞敏洪都能做这样的事情，那他们回去一定至少能够跟他做得一样好。所以这个给了他们巨大的信心，就是说我原来在大学没出息的形象给了我这些朋友回来的巨大信心。原来如果我在大学很风流，很牛的话，他们就会觉得你牛而我们不一定，结果后来倒过来想，连俞敏洪这个兔崽子都能做成这样的事情，那按照我们的水平，我肯定能行了。"

在 1995 年之后，徐小平、王强等人相继回国，加入新东方。俞敏洪、徐小平、王强等"聚义"，给新东方注入了新鲜血液。这帮哥们儿可不是等闲之辈。为此，俞敏洪做了四件事：第一，为迎接徐小平，他用三十万元的原装"帕萨特"换了"红大发"面包车；第二，撵走原来做移民的加拿大老外，让徐小平入主移民公司；第三，徐小平回国后，王强辞去年薪近六万美元的工作回到国内，俞敏洪立即将负责财务、行政、后勤的妻子撤出新东方，并将基础英语培训的地盘划到王强脚下，改变新东方"夫妻店"的形象；第四，划分地盘，确定新的利益格局。

俞敏洪说，新东方最初的时候是我和我的太太一起办起来的，可以说是一个家族企业，但一开始我就没有打算把它作为家族制的结构，当我在海外寻找到了王强、徐小平之后，我们很快地走向朋友式的合作伙伴关系。

为了公司更好地发展，俞敏洪立刻就让太太退出新东方。"而且我认为新东方是人才事业，也就是说新东方想要办长久的话，绝对不是靠我一个人或者我的家族能够办下去的，而是靠一批真正有才华的人。一帮天才在一起干事，确实需要有一个把天才积聚在一起的东西，共同的理念、理想是很强大的维系力量。"

为什么不"独食"，而要召唤回那么多的精兵强将，甚至每一个人都有可能成为未来的竞争对手？俞敏洪说："我做得孤单，还有天天跟你一起喝酒，一起吃饭，喝酒吃饭的钱我来出好了；有一帮朋友一起聊天，多舒服啊。坦率地说，知识分子那种感觉，或者说知识分子的那种义气使我们这些人聚到了一起。"

当时中国改革开放已成定局，出国潮形成巨大的市场空间，完全可以各做各的，互不干扰，所以，俞敏洪他们约定了在新东方的招牌下各自的创业领域。俞敏洪当时的想法是：既然我们一起干，最好能够把利益和权力分清楚，我觉得朋友之间最好没有利益关系，也不要有上下级的关系。

"1995 年年底，当时新东方还在中关村的两间平房里，所以我不能给他们更多的许诺，最后我给他们划定范围，我说自己搞的只是初步考试这一块，你们回来以后可以通过新东方这个平台，开展其他的培训。当时新东方已经比较有名，也有一定的经费支持能力。"

在徐小平、王强回来前，俞敏洪就开始做铺垫。1994 年年底，他找到了民办外语培训学校"理想学校"校长——口语、电影教学专家杜子华。俞敏洪提出了兼并方案：一、新东方教师一节课平均 300 元，如果杜子华加盟，每节课课费翻一倍，达 600 元；二、口语班可以合并到新东方，交给学校 15% 的管理费，其余归杜子华。杜子华一合算，挺划算，既不掉自己身价，又省去自己办学的劳心费神，还可以利用新东方的品牌多招生，何乐而不为？于是双方一拍即合。徐小平、王强回来后，俞敏洪如法炮制。

俞敏洪说："我曾经看过一部美国电影，讲美国西部土地怎么分，就是州长把所有的土地范围都告诉老百姓，然后大家一、二、三预备，同时跑，谁跑得最快，到哪块地上，哪块地就是你的。新东方最初的时候很像这么一个原则，当时回来以后，我们坐在一起，看谁能干什么。"

"俞敏洪是 TOFEL 加 GMAT 出国考试干得很好，所以这一块是我的；王强是口语、基础英语很好，那一块是他的；胡敏说四、六级很好，那他去干。每一块土地实际上是独立分开的，是一块荒地，他们需要全力以赴地去开垦，你只有把这块土地全力以赴地交给他就可以了。"

徐小平、王强加盟新东方，使新东方在学校的形象和产品的开发方面更进一个层次，显然比当时俞敏洪一个人做的时候更加令人振奋，让人感觉到方向性更加明确。"我自己开始只是搞出国TOFEL、GRE 这一块领域。徐老师一来，学生的人生设计工作有人做了，学生到新东方培训，为什么留学？留学的过程中感到迷茫怎么办？今后这条道路怎么走？徐老师带过来的这个东西，比某一个专业的培训更厉害，因为他是思想上、精神上的一种东西。王强老师带回来了英语思维的概念，就是让大家真正意识到，学语言还要学它的思维。新东方的基础英语培训事业因此得以展开，现在参加培训的人数已经超过留学方面。"

1997 年，"睡在上铺的兄弟"包凡一回国，俞敏洪把新东方出版的地盘划给了他。俞敏洪则保留了出国考试培训的老阵地。至此，新东方"诸侯分封制"格局形成，外语培训教学门类体系整合完毕。新东方的分封制，或者叫诸侯割据，或者叫合伙制，导致新东方每个人可以利益最大化，强有力地发展。

"从那个时候起，开始了松散合伙制的新东方品牌的创立时期。"大家形成的共识是共同做新东方的品牌，俞敏洪做新东方校长，品牌意识调动了大家的积极性。

王强说："新东方是两片肺叶在呼吸，一边是海归的肺，一边是土鳖的肺。"俞敏洪则笑称，他是一只土鳖带着一群海龟在奋斗。"从最开始的一只土鳖带着一群海龟干活，到一群海龟拉着一只土鳖干活，再到一只土鳖和一群海龟共同干活，这就是新东方的发展，而我就是那只土鳖！"

新东方就像一个磁场，团聚起一个年轻的梦想，这群在不同的土地上刷广告、洗盘子、做推销、当保姆奋斗而终于出人头地的年轻人已经积蓄了一种需要爆发的能量。

聚集一批"牛人"

阿里巴巴创始人马云的第一份职业是杭州电子工业学院的英语老师，所以在打造自己公司的管理架构时，他习惯性地先想到了大学的架构：大学里除了科室主任、系主任、院长这条管理线，还有助教、讲师、教授这条业务线，公司也可以按照这个办法来打造嘛。

于是，按照马云最初的这种构想，就诞生了阿里巴巴公司早期的两条泾渭分明的"升职路线图"，也是员工职业生涯规划的路线图。

一条线是管理线，即沿着"官路"走。沿着金字塔的路线向上依次是 Head、Manager、Director、VP、Senior VP、CEO。

另外一条线是"学术线"，追求"技术立身"或者"业务立身"。走这条路线的人，阿里巴巴鼓励他们搞学术、研发和创新。通常，新员工来到阿里巴巴之后，经过第一阶段试用期转正以后就变成了"勇士"；然后，经过 3～6 个月，跳过 3 级，升为"骑士"、"侠客"；侠客以后是"Hero"。当然，要达到 Hero 的级别很难，Hero 里面又分 A、B、C3 级；然后到 Master（大师）；大师之后才是 Chief，共分 5 档，每档又分 3 级，一共 15 级。这条"学术线"不可谓不漫长、复杂，熬到大师级的人应该是进入一个非凡的境界了。

应该说，为员工的职业生涯定了这样两条泾渭分明的路线，马云是用心良苦的。

同样，新东方人才也分成两个体系：第一是管理体系的；第二是教学体系的。

俞敏洪说："对于管理体系的人才，一般我会先筛选人，然后经过背景调查，看他在各方面是否符合新东方的要求。如果适合，我会把他安排在身边，观察他的行为方式。经过一段时间，如果这个人的基本方面没有问题，就把他放在一个相对独立的岗位上，看他运作的步骤怎么样。一旦他比较成熟了，我再把他放在比较重要的管理岗位。新东方的人才，有一大半是内部培养的，这样比较容易看到他是怎样成长起来的。对于管理体系中的专业人才，比如财务、审计、资本运作、市场推广人员，我们则一般从外部挖掘，当然首先要看他以往的工作业绩。"

"对于教学体系的人才——老师，他是怪才也好，天才也好，对我来说，这恰恰是教育中最主要的特点。老师只要能够吸引学生，把教学搞好，理解并且弘扬新东方的文化，就可以了。至于说他脾气有多怪，平时骂骂我，这个都无所谓。"

俞敏洪认为自己把许多"牛人"凝聚在身边的最大的原因就是自己的性格。俞敏洪认为："我的这种性格可以说有厚道和容忍在里面，加上软弱的成分。"这种性格，使俞敏洪这个新东方的创始人将自己的位置放得很低，于是在不自觉中也就抬高了这些"牛人"的地位。

俞敏洪说道："确实是这样，因为从做新东方开始到现在，如果说我只体现我个性软弱的一面，那新东方肯定做不到今天，但是如果我是以一种非常强硬的姿态出现在新东方人的面前，那新东方早就散架了。原因非常简单，因为新东方人都是知识分子，而且都是自恃清高的知识分子，知识分子最怕的是自尊心和尊严受到伤害，语言之间有的时候直截了当，但知识分子都是不能接受的。坏处是这个改革改造过程变得极其的艰难，因为他们说我'和稀泥'。"

俞敏洪在台上演讲的时候，可以张扬自我、挥洒个性，但平时在新东方做管理工作一定要自我收敛。俞敏洪喜欢锋芒毕露的人，新东方无比赞扬锋芒毕露的人。但是如果要成为一个管理者、领导者的话，就一定要内敛，只有这样才能给别人留出余地和空间。因为"知识分子需要被尊重"。俞敏洪认为这是管理新东方的基础理论。曾经一段时间里，所有新东方的问题都属于俞敏洪，至少表面上，人们都习惯于推到他身上，然后静观其变。"我大多数时候都会听着，然后告诉他们，当中什么意见对我是合理的。"

俞敏洪认为，如果说自己对新东方的贡献，那就是聚集一批人，并让他们感觉到：知识分子就应该受尊重。

在俞敏洪的团队里很多人都相当优秀，且个性突出，俞敏洪自己也曾说没办法跟他们比。

"我没有资格嫉妒周围的朋友。尽管我们每一个人都有缺点和优点，但是我比较喜欢我周围朋友的优点，我对他们的优点非常欣赏，以至于由于我崇拜他们的优点，其他的交往变得相当容易。"

俞敏洪表示，自己把一帮哥们从美洲拉回来，并没有出现自己领导他们的情况。因为俞敏洪只是新东方名义上的领导。"从某种意义上来说，他们从心理上比我更'superior'（地位更高）。我常常觉得他们是我的领导，包括现在都是如此。实际上，我也很乐意接受这样一种局面。倒不是装出来的，因为他们的某些思想，或者创意，是我没想到的、没想出来的。"

古人云："敬人者，人恒敬之。"人人都希望得到别人的尊重；反过来，人人都必须尊重别人，这是一个处理人与人关系的准则。俞敏洪表示：如果你尊重员工的话，大家就会尊重你，新东方所有员工在我心里都是我的兄弟姐妹，我获得的最大的荣誉是新东方的人都比较喜欢我，喜欢中带着尊重。"当你最大限度地维护自己的自由、尊严和幸福的同时，也是最大限度对别人作出让步的时候；当你最大限度地给别人让步的时候，你恰恰得到了别人的尊重。任何一个人获得自由、尊严和幸福的前提是对他人的自由、尊严和幸福的保护。这就需要社会制定规矩，每个人都要遵守。你对别人越尊重，别人就对你越尊重。因此，对别人的生命和人格的尊重就变成了每一个人最重要的义务，当你面对一个人的时候，从你的说话到你的行为，都必须充分地体现对对方的尊重以及对对方尊严的维护。"

新东方曾有老师这样写道：在新东方，每天充满朝气、快乐、激情，感觉每一个学生都尊重自己，每一个领导都尊重自己。每一次在洗手间，也就更加尊重镜子里的那个自己，也就更愿意去尊重每一个人。

第六章

领导哲学：亲和力非常重要

我让我所有的管理者都看到，我比他们更加勤奋，更加努力，更加百分百地把新东方当成家。

● 苦难是成功的垫脚石 ●

俞敏洪给年轻人的 8 堂人生哲学课

战略眼光远大，判断力准确

古人云："自古不谋万世者，不足谋一时；不谋全局者，不足谋一域。"万世之谋，全局之谋，就是战略之谋。战略是组织的方向，领导者最需要思考的是战略，最需要付出精力的是实现战略的行动，领导者必须以战略的眼光去思维。

关于领导力，俞敏洪有一个形象的比喻，"当你在领导的岗位行使权力时，就如同你怀揣着半口袋的钱币，每当你做对一个决断，口袋里的钱币以及他人的信任就会增多；每当你做错一个决断，就会失去一些信任和钱币；如果你不断地犯错，最后的结果必定是口袋空空、丧失信任。"

俞敏洪认为，作为领导人必须要具备的最重要素质之一是战略眼光比较远大，判断力比较准确。所谓战略眼光就是能够在竞争对手之前发现企业可能存在的机会和可能面临的威胁，要有一定的预见能力，当然这种预见不是拍脑袋，而是通过周密细致的分析、判断而做出的一种理性的决策。由于有了这样的判断和决策，企业可以及早采取行动，避免困境或危机出现，高效率地进行运作。

战略眼光最重要的是拥有一种判断力。良好的判断就是在两条路前面，到底选哪条路走下去，这个判断从商业判断到对人的判断都非常重要。当两个机会同时出现在一个管理者面前，他选择哪个机会非常重要。

一个领导做决策不可能一辈子都是正确的，但不要伤筋动骨，大方向大战略不能错。任何一个企业每时每刻都在面临着一个个大的决策方针。

2002 年，俞敏洪开始提出新东方做少儿英语的时候，很多人反对。"大家认为我们的出国考试、国内考试两大块已经做得很好了，只要把它再做好做精就行，少儿英语谁都没有经验。但我说少儿英语一定要做，因为我个人感觉少儿英语在未来的几年会成为新东方一个重大的项目，现在少儿英语占新东方总收入的 30% 左右。"

俞敏洪指出，如果没有少儿英语，新东方根本就上不了市，因为出国考试随着签证政策的变化会有变化，但中国的父母不管签证政策怎么变，让孩子学英语的热情不会变，这样就形成了新东方收入的稳定性。所以在企业创业期间，决策的正确与错误一定能体现出来，如果错了，就像带领一批羊走到了悬崖峭壁，反之就可以把它们带到阳光灿烂的草原。

精神力量：让下属追随你

2004 年，俞敏洪在对新东方管理层的讲话中谈道：

"有一部美国电视连续剧叫《兄弟连》，讲的是第二次世界大战诺曼底登陆时发生在美国 101 空降师的一个连的故事。这个兄弟连最初的连长叫 Dick Winters，指挥战争极其厉害，战士跟着他出生入死，建立了深厚的感情。这个连长被提升成营长之后，上面派了一个无能的连长过来，两次指挥战争就把这个连的战士牺牲了三分之二。敌人倒一个都没打死，自己的战士被'消灭'了三分之二，剩下的这十几个人发现不对劲，觉得这个连长是不能领导这么一个英雄的连队的，如果再这样下去自己的命也没了，最后就想办法把这个连长给弄走了，这个连队也恢复了英雄的风采。"

俞敏洪想说的就是，在伟大的结构中间也需要一个伟大的管理者来支撑。巴顿将军是一个很厉害的人，他有的时候会打战士，但是他自身很勇敢，在关键时候对战士们关怀，所以他的坦克部队长驱直入从诺曼底登陆后一直打到了柏林，巴顿自己也成了美国历史上最传奇的将军之一。当我们只是为了饭碗而留下来，而不是为了新东方的未来和管理者的魅力而留下来的时候，大家就成了一个只为饭碗而不为灵魂和信仰生活的人。

2001年，新东方的上层矛盾激化，几乎到了分崩离析的程度，俞敏洪再一次面临难关。几经努力，俞敏洪终于力挽狂澜，使新东方迈上了良性循环的轨道，成为一个具有现代化企业结构的新东方。在这次动荡中，俞敏洪是付出代价了，但他获得了更多的回报，不仅树立了绝对的领导权，还赢得了一个安定团结的局面。他说，如果真的到了靠股权维护自己领导地位的地步，那将是很可悲的事情，也将意味着你领导权的终结。

俞敏洪认为，不应该靠股权等外在强制性的东西去领导下属，真正成功的领导者应该用精神去领导。一个人精神力量强大与否，在面对一些事情时就可以看出来。"比如我认为王石的精神力量就很强大，你不需要去说，从他做的那些事中就可以看出来。再比如史玉柱，我挺佩服这些人的。我觉得在新东方，我还是能够体现出这种精神的。"

至于如何才能拥有这种精神力量，使属下愿意追随你，俞敏洪表示，首先，你要真的相信这种力量；其次，你做过的事情证明了你这样做是对的，这就加固了你的精神力量；再次，你要把这种精神力量通过言行传递给别人。

"我让我所有的管理者都看到，我比他们更加勤奋，更加努力，更加百分百把新东方当成家。"同时，要想拥有这种领导者的魅力、领导者的精神力量，最重要的是让身边的人跟自己一样坚持一个信念，而这个信念最核心的要素，俞敏洪认为就是发展前景。"我觉得作为团队领导人，有一个非常重要的特点，就是对你周围所有的人，包括合作者、创始人、群体员工，都要有一个激励精神，有目标来激励，有精神力量来激励，用自身的肩膀去扛痛苦，让员工感到光明。"

"做这件事情让人们感觉到能有未来，这也是任何人做事情的前提。现在只有两种事情能凝聚人心：第一是宗教，因为宗教信仰，这是挡不住的；第二，一个企业很难制造信仰，那它制造什么呢？制造未来的成功、个人的成长和财富的增加，这是给大家的一种必然的鼓励。这个鼓励通过什么表现出来呢？通过领导人对未来的信心。在新东方，我哪怕一分钟暴露出对新东方没有信心，人就会散掉。企业越是小的时候，越是要有信心，这个信心不能靠装，而一定是发自内心的，就算被踩到地下也会钻出来的信心，要让人们看到，这个事业是在不断发展中的。"

亲和力相当重要

"亲和力"是一个领导者的必备素质，是领导与员工之间的黏合剂，这同时也是优秀领导者增添其个人魅力的重要途径。

领导的亲和力非常重要，具有亲和力的领导更能带领他的团队一起认真、默契地工作，并能取得显著的效果；而缺乏亲和力的领导，常以权威及刻板的态度去要求下属。

一个管理者让人感到遥不可及，不跟员工打招呼，或者对员工吹胡子瞪眼的，员工是不愿意把真心话告诉他的。而且他想向员工了解情况，员工也不愿意把真实情况告诉他，所以亲和的个性非常重要。"我别的能力可能差一点，但有一点还算是不错的，那就是我的亲和力。不管是学生还是员工，只要听过我二十分钟的讲话，就知道俞敏洪这个人其实平凡得不能再平凡了。管理者要学会把自己变得平凡。"

在新东方，俞敏洪是所有管理者中最没有架子的一个人。在学生眼里，他就像一个邻家大哥，亲切而体贴。因此，大家都亲切地称呼他"老俞"。

俞敏洪表示，以前做老师的经历，和现在做商业领导者有相同的地方。"作为老师，亲和力是你在课堂上一定能体现出来的，你越成熟，这种吸引力和个人魅力就越大。当初我在北大教书的时候不具备个人魅力和亲和力，但是如果现在我再回到北大课堂，学生对我的感觉肯定比当初要好，原因是我背后的人生经验丰富了，感情也更成熟了。对企业家来说，你越成熟，员工越愿意跟着你走。

"亲和力和个人魅力是相当重要的。你总会在生活中发现这样的人，刚开始觉得这个人其貌不扬，一点感觉都没有。但是他跟你半个小时或者十五分钟谈话下来，你就觉得这个人魅力极大，你就能感觉到他散发出了某种东西。有的人半个小时下来，你就会觉得这辈子不会和这种人打交道了。这就是亲和力和个人魅力。"

在企业中，领导者身上的这种亲和力是非常可贵的。拥有亲和力的领导者，通常更能让团队成员一起认真工作，并富有成效。

领导者拥有"亲和力"最重要的一点，就是换位思考。俞敏洪说道："你应该完全理解你的管理者和你的员工，用适应他们的方式，引起他们注意的方式来跟他们一起做事情，而不是你发你的命令，他忙他的。对人性的理解和自己如何去影响别人，这点是完全相同的。不同的是，你作为老师，上完课就可以走了，作为企业的领导，你对所有东西的最终结果都要负全部的责任。"

勇于认错，勇于改正

古人云："人非圣贤，孰能无过。"可对待自己所犯之"过"，不同的人却有不同的表现：有的人搜肠刮肚地辩解，死不认错；有的人千方百计地推卸，诿过于人；有的人却坦荡磊落地揽责，诚恳认错。这不同的态度，是有不同结果的。哪种态度会带来最好的结果？答案是不言而喻的。

东汉末年，在官渡决战的前夕，谋士田丰对袁绍说："曹操善于用兵，通晓兵法，他的兵众虽少，但不可轻视。不如采取持久战的办法。您既有险要的地势，又有众多的兵马，可以外结英雄，内修农事，然后以精锐为奇兵，不断骚扰曹操。他救右则击其左，救左则击其右，让他疲于奔命，民不安业，不出两年就可以打败他。现在您不采取长胜之策，与曹操决胜败于一战，万一不如意，后悔就晚了。"袁绍不但不听，反而认为田丰是在涣散军心，把他囚禁起来。

后来，官渡之战中，袁绍果然大败而归，有人对田丰说："先生真有远见。袁绍一定会对您加以重用。"田丰说："袁绍心地狭窄，他如果取胜，我还能活；现在他打了败仗，证实了我对他错，我恐怕活不成了。"果然，袁绍回来后，对左右说："我不听田丰的话，现在要受他的耻笑了。"便将田丰杀害。袁绍杀了田丰，也没有得到一个好的结果，终为曹操所灭。

"权威说"在中国颇为流行，一个企业的领导者即便是错了，也不轻易低下头来承认自己错了，担心因此破坏自己在下属心目中高大伟岸的"领导形象"。

美国田纳西银行前总经理特里有一句名言：承认错误是一个人最大的力量源泉。领导者要坦率地承认自己的错误。正视错误，就会得到错误以外的东西。

其实，承认错误并不是什么丢脸的事。反之，在某种意义上，它还是一种具有"英雄色彩"的行为。因为错误承认得越及时，就越容易得到改正和补救。而且，由自己主动认错也比别人提出批评后再认错更能得到别人的谅解。更何况一次错误并不会毁掉今后的道路，真正会阻碍的，是那不愿承担责任，不愿改正错误的态度。

在新东方，俞敏洪以"勇于认错"著称，勇于认错到一种什么程度呢？比如每一次董事会，俞敏洪总是成为首当其冲被批判的"第一人"，对他的批判也好，攻击也好，他统统照单全收。他说："都盯在那儿了，我很清醒，我的话一出口，就会覆水难收，产生严重后果。要维系这个团队，我有再多的话，都必须烂在肚子里头。"

新东方的创业元老们喜欢把"凤凰涅槃"、"浴火重生"这样的词挂在嘴边，他们要求俞敏洪做蔡元培，兼容并包。王强就曾经哭喊着对俞敏洪说："我希望你成为蔡元培。"他们批判俞敏洪，就是希望他走出"小农意识"，带领新东方一步步向现代化企业迈进，突破自身极限，获得长足发展的最强大的动力。所以，新东方出了什么问题，大家都习惯性地推到俞敏洪身上，谁叫他是领导者呢。俞敏洪的家因此被起名为"思过斋"，因为那里一直是俞敏洪的面壁之地。

"新东方的元老从来不把我当领导，坏处呢，新东方结构调整管理的难度增加；好处呢，因为有人敢骂我，我能及时纠正自己的错误，因为这帮人都是我大学的朋友哥们儿，向他们承认错误不算丢面子。然后我发现向下属承认错误也不丢面子。有一次，我骂一个员工，凶了一点，伤他自尊了，第二天我意识到这个问题，就给他发了一个邮件，向他道了歉。这个员工感动得不得了。所以我们要勇于承认错误。"

俞敏洪被批评得最为厉害的一个问题就是"家族企业"问题。

2001 年，王强向董事会提交辞呈，紧接着以俞敏洪军师自居的徐小平也交上他的辞职信。他们讲述辞职原因之一就是"新东方仍然带有家族色彩"。这个家族色彩其实指的是俞敏洪的母亲对新东方的影响，或者说，是老太太对俞敏洪的影响。

　　新东方早期的元老们都曾目睹过俞敏洪向老太太下跪之事，尤其像王强、徐小平之辈更是痛心疾首。俞敏洪是一个孝子，他自觉亏欠母亲良多，能让老太太高兴的事他总是尽量去做，拉下面子去做，但是他的那帮哥们儿却无法接受，认为俞敏洪过于软弱，受老太太控制，进而势必影响到其他人作为股东的利益。这也是新东方的二次创业之路为什么会走得如此艰难，而俞敏洪为何在这次改革中进退两难。

　　之后，俞敏洪回首这段新东方改革的艰难岁月，不无感慨：

　　"我在新东方找到了把过去的经验延续过来的舞台，把承受力延续过来的舞台，使我能够在办新东方的过程中包容别人的错误和缺点，能够把暂时的屈辱和误解吃进肚子里去。我对重大问题有方向感，我对包括我母亲在内的人容忍，我认为这不是一种软弱，而是一种心境，或者是对团队的渴望，对未来的一种渴望。"

　　这种在别人看来是一种"软弱"的性格，其实是一种平衡各种利益关系的智慧。问题是，俞敏洪面对的这两方，都太过强悍，都不容易讨好，于是就常常出现俞敏洪向两头道歉认错的场面。

　　2001 年 11 月，王强决意要走，如果不能留住王强，新东方面临的将是一个原本引以为豪的明星团队的分崩离析，新东方真的到了生死存亡的关头。这个时候，俞敏洪作为一个领导者的魄力体现了出来。他针对众股东的顾虑，主动做出让步，最能表明他决心的一点，就是俞敏洪下定决心说服老太太撤出新东方。孝顺的俞敏洪，也终于到了必须在亲情和事业之间做出选择的时候了。

　　俞敏洪知道，新东方走到这一步，已经不再是任何一个人的"私有物"，而是大家的"新东方"，既然如此，任何可能会带有

"家族色彩"的规矩和人都不可能长久存在。所以他的让步，其实也是一种曲线的认错。虽然这也就意味着他必然多多少少要辜负老太太。

在另外一个场合，俞敏洪这样解答他为什么宁愿承认错误而不愿意死要面子："人事纷争是很正常的，关键是领导者起到的作用、担当的角色和他的心态。有的人事纷争是因为领导者心胸狭窄产生的，领导者一定要心胸开阔，敢于承认错误。这个对我来说，问题不大，因为我善于承认错误。如果我不承认，就可以被我的高层管理人员骂上很长时间，那我还不如赶紧承认算了，他们就没得骂了。"

达尔文曾经说过："任何改正都是进步"。歌德也说过："最大的幸福在于我们的缺点得到纠正和我们的错误得到补救"。敢于承认错误，汲取教训，就能以崭新的面貌去迎接更加激烈的竞争和挑战。坦率地承认自己的错误，改正错误是走向正确的第一步。

宽容的胸怀，但不软弱

澳大利亚畅销书作家安德鲁·马修斯在《宽容之心》中说过这样一句话："一只脚踩扁了紫罗兰，它却把香味留在那脚跟上，这就是宽容。"因为有了放下，才有了你如海般广阔的心胸。因为有了放下，才有了你受人钦佩的涵养，宽容是一种气度，是一份理解，是放下之后残留的余香。

法国 19 世纪的文学大师维克多·雨果曾说过这样的一句话："世界上最宽阔的是海洋，比海洋宽阔的是天空，比天空更宽阔的是人的胸怀。"雨果的话虽然浪漫，但很有现实意义。

相传古代有位老禅师，一日晚在禅院里散步，看见墙角边有一张椅子，他一看便知有位出家人违犯寺规越墙出去了。老禅师也不声张，走到墙边，移开椅子，就地而蹲。少顷，果真有一小和尚翻墙，黑暗中踩着老禅师的背脊跳进了院子。当他双脚着地时，才发觉刚才踏的不是椅子，而是自己的师傅。小和尚顿时惊慌失措，张口结舌。但出乎小和尚意料的是师傅并没有厉声责备他，只是以平静的语调说："夜深天凉，快去多穿一件衣服。"

老禅师宽容了他的弟子。他知道，宽容是一种无声的教育。

俞敏洪曾说："要是读过西方著名的思想家、历史学家房龙所著的《宽容》这本书，你就知道人类文明能到今天，人类之所以能延续到今天，就是因为人类之间的宽容。每一次不宽容都会带来人类的黑暗时期，而每一次的宽容即使带来混乱，也最终一定会带来人类的文明和发展。新东方要做的，就是给予大家足够的宽容。我们会有严格的原则纪律，会有规范的制度约束，会有业绩增长的压力，但是到现在为止，新东方能有这样一个团队，就是因为宽容。我本人会更加有原则，要求大家做事情也会更加严格，但是我不会失去我的宽容。"

事实上，俞敏洪最让其他新东方元老感佩的也正是他身上这种像水一样的包容。所谓海纳百川，尤其在新东方这样一个知识分子密度很大的企业里，宽容的胸怀是必需的。新东方几乎每一个老师都是一个牛人，个性张扬，并不好相处，平时互相之间的语言攻击很多，而且用词尖锐，几乎每一次董事会，就是一次批判大会。批判者慷慨陈词，被批判者无地自容，深受打击，要过好些天才能重新建立自信。而俞敏洪就是被批判得最多的人，为此他被封为"思过斋"斋主。这其中有一个重要原因，就是他能容忍。

俞敏洪说："我的个性相对软弱，或者可以说反应比较迟钝。举个例子吧，王强或者徐小平他们闯进我的办公室，劈头盖脸地数落我一通，历数了我的种种缺点。我一下子就懵在那里了，明知道对方批评得不一定对，但是当场找不到反驳人家的理由和话语。批评你的人，发泄完就推门而去。这个时候，猛然醒悟，我得反驳你啊。可人家已经跑了。时间一长，在新东方内部就有了一种共识：'老俞对人很宽容。'"

俞敏洪的忍耐力和宽容在新东方是出了名的。除了俞敏洪本人坚忍的性格之外，最主要的原因还在于他的这帮合作伙伴，个个都是个性鲜明，牛气冲天，是碰不得的"价值连城的瓷器"。俞敏洪说，这帮家伙都是"价值连城的瓷器"，而自己是这些"瓷器"的"保管员"，如果这些"瓷器"摔碎了，就一文不值了。

既然是"价值连城的瓷器"，就不能硬来，否则很有可能成了一堆碎片，连泥巴都不如。

周成刚是俞敏洪的高中同学，当年因为仅有一次落榜经验而"屈居"班里的英语课代表，后来成为英国BBC广播电台的播音员，如今是新东方教育科技集团副总裁。他认为，俞敏洪最大的魅力是他的气度和胸怀，没有这一点留不住新东方众多的"牛人"。

俞敏洪作为领袖，更需要"大人大量"。新东方"三驾马车"之一的王强曾总结说："我的性格像钢铁一样脆弱，老俞的性格像芦苇一样柔韧，小平的性格像芦苇和钢铁一样脆弱而柔韧。"

柔韧，是俞敏洪作为新东方领导者最显著的特点。他曾说他口才不好，新东方的元老们之间有争吵，他总跟不上，其实这是谦虚的说法，一个面对上千人的课堂犹能滔滔不绝的天才老师，怎么可能嘴笨呢。只能说是他的性格使然，他不愿意在大家气头上使矛盾激化，很多时候，他总是默默承受着大伙儿的"轰炸"，以至于在很多人眼里，他的性格过于软弱，没有作为一个企业领导者的魄力。

新东方的团队里很多人发生争吵的时候，矛头多是针对俞敏洪，不管冤枉不冤枉，他都听着，不会当面跟争吵者起冲突。所以俞敏洪在新东方有一个了不起的纪录，就是他从来没有跟人当面发生过冲突。

不过，这并不表示俞敏洪逆来顺受。他避开的是冲突，但是会坚持自己认为正确的观点和做法。他会等争吵者的脾气发过以后再去沟通。这是一种高明的沟通艺术，因为到了那个时候，争吵的人都冷静下来了，是对是错，大家也就很容易辨别出来了。这也就是为什么俞敏洪能把一批个性迥异的精英人才凝聚在自己身边的真正原因。

当然，俞敏洪的这一性格，在新东方实行组织结构改革时，就容易被别人视为"软弱"、"和稀泥"。从战略决策上来说，俞敏洪不够果断的性格确实导致新东方在战略转型的关键时期出现了一些不好的结果。但是，俞敏洪这种宽容的风度和境界，使得他性情和蔼，也使他在矛盾纠纷中有转圜退让的余地，能化干戈为玉帛。2000 年那场股份改制风波，如果不是因为俞敏洪的宽容，新东方早就分崩离析了。

俞敏洪说道："'逼宫'事件中，我完全可以脑袋一热用手中的权力去打压这些朋友，或者自己干脆甩手不干离开新东方，但这样做的结果肯定是伤害新东方的利益，所以我就必须冷静地坐下来分析员工或者股东的想法，来帮助自己去处理问题。"

新东方的此次转型以王强和徐小平退出管理层、俞敏洪重掌新东方控制权而告终。虽然王强和徐小平是这次"逼宫"的主要谋划人，但是俞敏洪并不记恨这一点，相反，他还惴惴不安，担心他的不得已而为之的做法会不会太伤这两人的心。

为了挽留王强，俞敏洪做了很多努力，比如将新东方的产业开发交给王强负责。新东方具体说来由两块业务组成：一是教学；二是与教学相关的产业开发，如出版、翻译等。所以产业开发亦是新东方的命脉。俞敏洪还动之以情地陈说"东方马车"十几年的交情，并决定如果王强不留下，就不举行新东方八周年庆典……终于王强被感动了，决定尽弃前嫌留在新东方。后来在某一次采访中，王强曾将俞敏洪的行为理解为"宽容"，委婉地表达了某种歉意。而另一位关键人物徐小平，也在 2001 年 11 月底主动向俞敏洪写信，他们没有像别人担心的那样反目成仇，反而换来了更长久、更深沉的友谊，可以说，是俞敏洪的宽容深深地感动了同样是性情中人的徐小平，他以宽容回报宽容。

或许俞敏洪并不是一个最有魄力的决策者，但是，作为一个管理者，他无疑是合格的，甚至可以说是最好的。考虑到新东方人才构成的特殊性，考虑到新东方是从非规范转向规范化，俞敏洪能保住新东方的核心团队，这已经是十分了不起的功绩了。更何况，对于中层管理者和底层员工来说，俞敏洪确实是一个宽宏大量的老板。

俞敏洪说道："当你对别人谦虚随和的时候，一般来说，都能获得别人谦虚随和的回报。如果别人批判你的时候，你随和，这样更好沟通。另外一个原因，是我从小在个性上能够忍让，更重要的就是对人性的理解。""我从来不发火，总是笑眯眯的，所以我说话稍微严肃一点儿，下面的人就受不了了，觉得出了什么事情。但是他们都知道自己需要完成什么样的任务，达到什么样的标准。如果达不到，我就跟他们说，自己看吧，该怎么惩罚。"

人们对俞敏洪的评价是：胸怀博大，能包容，善于谅解社会和他人的弱点。他的下属可以与他争辩，甚至吵得天翻地覆，事后却更加钦佩他。新东方也因此形成了它充满魅力的文化之一：用人才之长，而不计较人才之短。

新东方和一般意义上的企业不同的一点是，其他企业的人力资源和产品是分开的，而新东方却使两者合二为一。俞敏洪认为，新东方在中国企业中间，"人和"是做得比较好的。

虽然新东方内部也有很多的矛盾和纠纷，但是俞敏洪认为，矛盾纠纷跟"人和"一点关系也没有。"就如同一个家庭里夫妻吵架，并不代表两个人关系不好。新东方的吵架，是围绕新东方的发展前景、个人在新东方的发展等问题上。这种东西对企业来说太正常不过了。"

每当新东方团队出现分歧的时候，俞敏洪多数选择先让步，实在不行就先回避，待大家都平静了再谈。

新东方的发展史就是一部"斗争史"，正是因为俞敏洪宽容的性格，使得新东方挫而不折、乱而不散，一路磕磕绊绊挨至今日。俞敏洪说，那些北京大学的校友、朋友，对他来说是弥足珍贵。

"但是按照他们的浪漫主义干下去会把新东方毁了。既要留住他们，又要扭转、改良他们的心态，需要大量的时间。如果我决断力快速，就会让他们走人，因为新东方是我的，我有这个权力。你们挣到了该挣的钱，走吧。你们走你们的，我干我的，你们再开几个新东方也无所谓。大家不开心，为什么还在一起。如果真这样做的话，那现在北京就有好多小的新东方了。但是，也正是因为我的细腻、敏感、重情重义，挽救了新东方。我还有一个好处，理想主义与浪漫主义相结合，实际做事情的时候，我还是十分理性的。不像徐小平、王强他们那样纯粹感性至上、感性到底。”

第七章

经营哲学：励志营销

　　新东方精神对新东方的学员而言，是在孤独和绝望中对人生光明大道的探索，是在举目无亲的城市从一辆公共汽车挤进另一辆公共汽车的艰辛，是在马路边一边吃盒饭一边背单词的勤奋，是在失败后又鼓起勇气重新爬起来的坚定。

苦难是成功的垫脚石

俞敏洪给年轻人的 8 堂人生哲学课

对学生不好，就是魔鬼

在创办新东方学校之前，身为北大教师的俞敏洪为其他培训机构打工。在工作中旁观，俞敏洪发现大量的培训学校对学生的态度、管理和理念上有缺陷。俞敏洪作为一个曾经接受过补习的学生，十分了解学生渴望帮助的迫切心理。"我也是从学生走来，而且为了高考还参加过辅导班。我就想，如果我来管的话，应该通过什么样的方式帮助学生，吸引学生。"

新东方创办初期，没有学生来报名，俞敏洪询问了几个学生，都说担心教得不好白扔几百元学费，他就干脆办免费讲座。

直到现在，他也坚持新东方的前两节课是免费试听，不满意无条件退款。俞敏洪把学生当上帝看待，"对学生不好，就变成了魔鬼"。

新东方创办早期，由于北京电力不足，新东方教室里无法装空调，只能装电风扇。夏天热的时候，电风扇吹出来的都是热风。于是俞敏洪下令让新东方的后勤部一早起来，开着车去抢冰，抢来冰以后，把冰砸成冰块，然后分装在大盆里面，让学生进教室的时候，手里用手绢包几块冰块冰一冰，预防中暑。这种天气持续了一段时间以后，突然有一天，天阴了，北京终于下起了大雨，俞敏洪冲出教室嘴里喊着"我的学生有救了"！然后在院子里嚎啕大哭。

　　俞敏洪不惜代价给不满意（不管是什么原因）的学生退学费，组织春节不能回家的学生参加联欢，为学习好的学生发奖，奖励达十多万元。

　　俞敏洪之所以对学生那么好，是想把新东方做成功。这么多年跟学生打交道，俞敏洪理解学生的痛苦和悲伤，知道学生除了需要考试的技巧、知识，还需要关怀、需要体贴。

　　"学生选择了新东方，我们就要做得更好，学生来听我的课，是学生对我的恩惠。每次讲完课我都会向学生鞠躬表示对学生的尊重，这种尊重是相互的，学生来新东方学校也是付出了时间和金钱的，我没有理由不尊重他们。如果说新东方学校与其他学校最大的不同之处，那就是我们没有那么商业化，没有那么世俗化，我们还保留着许多人情味。"

　　1997 年，俞敏洪、徐小平、王强等人出席学员的颁奖大会，临近结束的时候，俞敏洪忽然做出了一个惊人决定：全体老师向在场的学员三鞠躬！

　　徐小平至今对鞠躬的事耿耿于怀，说："有失师道尊严，鞠一躬我没意见，三鞠躬就有点过了。"生性洒脱狂放的徐小平曾取笑俞敏洪，这是农民对土地的崇拜，对生存的恐惧。俞敏洪说道："学生学得太难太苦，学完了，给他们鞠躬，向他们表示慰问，表示敬意。有什么不好？伤着我们什么了？"

　　"你反对鞠躬，我继续坚持给学生鞠躬。学生来听你的讲座，是学生对你的恩惠，向学生鞠躬是表示对学生的尊重。老师怎么就不能向学生鞠躬？你说美国的老师没有向学生鞠躬，中国老师也没有向学生鞠躬。那么好，我俞敏洪开创了老师向学生鞠躬的先河，我要一直鞠下去，鞠躬尽瘁嘛。"

正是这种"老师上课向学生鞠躬"的基本理念，才让新东方走到了今天。不仅如此，俞敏洪视学生为"上帝"，教学以学生为中心，发明了"试听制"、"打分制"。试听制，新东方出钱请几十个新东方学员听刚聘的老师讲课，讲不好，老师走人。打分制，5分标准，掌握在学生手里，不及格，出局。有的老师还没讲完，直接就被学生撵出了课堂。

其实，徐小平已经领教过俞敏洪对学生的"尊敬"。在新东方，徐小平负责的是出国留学咨询。有一次，有一个女孩子找到徐小平做咨询，徐小平给她讲了几个小时，才把所有问题都解决了。这时，这个女孩子又提了一个要求，请求徐小平带她去见俞敏洪。

于是，徐小平就顺路把这位小女孩带到了俞敏洪家里。这个女孩见到俞敏洪，就把徐小平已经给她解答过的问题，重新又向俞敏洪咨询了一次。而俞敏洪也是有求必应，不厌其烦地一一作答。徐小平在一旁有点坐不住了：你这个小女孩是不信任我呀！还得到老俞这里来再求证一次！

于是，徐小平就和颜悦色地对这个小女孩说："我们还有要紧事要谈，如果你还有什么问题，明天到办公室来谈，好吗？"就这样，他把这个女孩子支走了。

谁料想，俞敏洪立马对徐小平发起了脾气："你这是对学生负责吗？你太过分了！"俞敏洪实在是气急了，他甚至对徐小平吼道："我家里的客人你凭什么下逐客令？"说得徐小平很没面子。

俞敏洪认为，道理很简单，学生花了钱，花了时间，当然有权利要求一流服务。这些"试听制"、"打分制"，迫使一些出身名校的老师正视他们在新东方的位置。在这里，一切都必须以学生为中心，学生是他们的"上帝"、"衣食父母"。所以，在授课过程中，新东方不仅要让这些"上帝"学到知识、技能，还要让他们学得开心、快乐。

所有来到新东方的学生，都感受到新东方有一种精神存在。学生来新东方的初衷，都是为了英语考试或者语言能力提升；一旦走进新东方教室，就能够收获一种激情、一种奋进、一种热爱生命的态度。

新东方的价值观也包含了让学生成长的这种价值观，也是新东方对学生们关注的要点。但是这确实是新东方能够成功的重要原因。新东方从某种程度上谈到的最关心的要点是，学生到新东方不仅是提高英语水平，而且能够收获一些未来的方向，比如说是出国、考研还是工作，还有人生态度等。

俞敏洪认为新东方并没有什么神奇之处。"我们只是要求老师更加理解学生，知道学生想听什么，并且以恰当的方式把知识传授给学生。其实所有的能量都在学生身上，只有学生自己想学，才能够真正学好，所以我们强调老师要调动学生的学习积极性。"

中国的传统教学讲究一板一眼，新东方喜欢活蹦乱跳；中国的传统教学以老师为中心，新东方以学生为中心。

向企业化运作模式过渡

什么叫产业化，就是通过产业化运作带来更多的资本来发展教育领域。中国私立教育的出路在于中国的教育产业化，现在还没有资本家捐出大量的钱办学。什么样的东西能够加快中国的教育改革呢？特别简单，就是教育产业，教育产业就是能够通过盈利的方式吸引资本，然后把这种教育推动起来。

俞敏洪认为，教育产业化最重要的是使学校企业化运作。国内的很多机构都曾经有过和新东方相类似的经历，运作模式远远没有达到企业化，这样在发展的道路上就会遇到很多阻力，所以要改革，一定要向企业化运作模式过渡，真正把教书匠转变成既懂教书又懂管理的人才。

2000 年，俞敏洪及领导团队成立了东方人投资有限公司，向教育产业化运作迈开了一大步。

从 2000 年底开始，一直到 2003 年年底，是新东方发展历程中最痛苦的阶段，很多次都差一点崩溃掉。但是，就是在这么一个阶段，新东方把握了一个比较不错的发展方向。新东方坚持以英语短期培训为主，逐步发展和完善了国内考试、国外考试、基础教育、远程教育、图书出版等多个点。围绕教育，新东方本身有了很多的支撑点。一个点下降的时候，另外一个点会上升。这个布局最后形成了新东方的核心。从某种意义上说，新东方已经基本形成了一个良性循环的状态。

依照对产业化思路的运作，如今的新东方，已经在全国 50 个城市设立了 54 所学校、7 家产业机构、40 余家书店以及 664 家学习中心，累计面授学员达 1500 万人次。

教育产业化的理念大致出现在 20 世纪 80 年代中期，理论界关于教育产业化的争论长达 20 多年。反对者主要从教育的公益性出发，在价值层面质疑产业化、市场化的主张；支持者强调教育所具有的产业性质，认为在市场经济环境下教育产业的发展是无可争辩的基本现实。

从经济的角度来看，"产业化"就是赚钱和盈利，而教育产业首先应该遵循的是公益性的原则，和养老、医疗保障一样，要让更多的人从中受益，而不是用高额的收费门槛将人拒之门外，从这一点来说，"产业化"和"公益性"似乎是互相对立、水火不容的一对冤家。可以看出，对于教育产业化的争论焦点体现在"教育"与"赚钱"的矛盾上。俞敏洪说道："新东方不可能拿到国家的教育经费，相反，我们每年还要向国家缴纳各种税收，如果没有利益，新东方怎么办下去？就算把我卖了也办不下去。新东方收取学生合理的学费，把学费转成老师的工资、教室的设备，使学生得到更好的培训和教育，互惠互利，实现双赢。新东方做到今天，越做越大，贡献都来自于新东方的学员。很多人觉得做教育就不应该提钱的事，也许在基础教育领域和公立教育领域，应该是收取学生费用越少越好吧。至于私立教育，尤其像新东方这样的培训教育，完全处在市场经济下，如果不收学生的学费，几天就得完蛋。教育和赚钱是矛盾的？也许这样说更好一点：如果办教育的目的就是为了赚钱，这是完全错误的；但如果把提供优质教育放在首位，让学生自愿出钱来学习，这是很正常的。我觉得提供优质的私立教育和适当的盈利是不矛盾的。"

俞敏洪认为，教育产业化绝对不是说把学校办成产业化赚钱的机器，比如，像新东方这样的短期培训、教育咨询、教育产品以及教育管理、教育信息、设备这些东西都是教育产业化的重要内容。如果归纳产业化的意义，可以分为两个方面：第一就是教育要为学生提供人生价值观念，其教育本身和公立教育一样都是要造就人才；第二就是要把教育整合起来获取更多的财富来源，不一定是从学生身上获取，而是从资本市场上来获取。

2006年，新东方在美国上市。新东方通过自己的努力把从一家粗放型的外语培训机构发展成为一家能够接纳国外投资、与国际接轨的集团公司，这本身就是其产业化的成功体现。而俞敏洪也表示，上市所得融资，同样遵循着新东方产业化的思路，即将投入扩展产业化发展的计划中去。俞敏洪曾讲述过自己的远大计划：跳出英语培训，进军学历教育，实现英语从幼儿园、小学、中学甚至大学的全链条式产业化。俞敏洪表示："我要借着上市把整个新东方的服务、教学体系建立起来，真正体系化和流程化。"

"新东方精神" 的力量

新东方一直致力于弘扬一种朝气蓬勃、奋发向上的精神，一种从绝望中义无反顾地寻找希望的精神。俞敏洪认为，人活着需要有一种感觉，新东方之所以被很多人接受，也是因为新东方有一种感觉存在，凡是来过新东方的人，都在新东方感觉到了一种活力、一种顽强和一种豁达。

新东方的精神是"追求卓越，挑战极限，在绝望中寻找希望，人生终将辉煌"，这个是新东方的校训。俞敏洪认为，新东方是一个"人"的企业，没有任何高科技的含量。所有的学校都可以模仿新东方的英语教学技巧，但是为什么新东方到现在为止依然还能够做得不错？因为新东方的文化内涵和新东方的氛围大部分机构没法模仿。

在新东方历史上，第一本《新东方精神》是由徐小平编撰的。钱永强对新东方精神不以为然，认为内涵不够。徐小平和他吵成一团。俞敏洪见他们吵得差不多了，说："钱永强呀，新东方精神有多高，有多神，咱们不管。我自己也从来没为已经获得的东西而牛，而自豪。我只是想讲一个小故事给你听。我小时候，我家门前有一条路，一下雨，这条路就被水冲出一条沟，这条路不宽不窄，中间必须垫一块砖头，你才能走过去。不垫砖头，你想过去，有时候一跳，就掉到泥里去了。所以，每次下雨的时候，我都要拣一块砖头，垫在沟中间，来往行人，就轻松跨过沟坎了。"

俞敏洪认为，新东方精神就是这么一小块砖头，使得每一个学生，在他奋斗最艰难的时候、最疲惫的时候，我们给他垫上一块砖头，他不至于在一跳的时候掉到沟里去。我们就是这块砖头，这块垫脚石，让他们可以顺利地跨过这个沟坎。新东方确确实实帮助过无数学生跨过这个沟坎，给了他们力量，给了他们知识，给了他们方向。新东方做到这一点，就够了。

这是俞敏洪第一次用意象来系统地阐述"新东方精神"。事实上，新东方的成功与精神的力量有着密不可分的关系，正如俞敏洪自己所说的，新东方精神的涵括量比一般企业大得多，也重要得多。

很多人都问过俞敏洪，所谓的新东方精神到底是什么？俞敏洪说，对于局外人来说，新东方校训中"从绝望中寻找希望"只是一句口号，而对于在新东方学习和工作的很多人来说，那是实实在在的生活写照。

"新东方精神对我而言，是生命中一连串铭心刻骨的故事：被北大处分后无泪的痛苦，被美国大学拒收后无尽的绝望，被其他培训机构恐吓后浑身的颤抖，被医生抢救过来后撕心裂肺的哭喊；新东方精神对我而言，更是在痛苦之后决不回头的努力，在绝望之后坚忍不拔的追求，在颤抖之后不屈不挠的勇气，在哭喊之后重新积聚的力量。

"新东方精神对新东方的创业者而言，是徐小平漂洋过海重新创业的激情，是王强放弃贝尔实验室优厚待遇毅然回国的决心，是胡敏讲课时提到家乡发大水后面对黑板无言的眼泪，是杜子华从理科生变成中国最好的同声翻译专家的奇迹，是包凡一自己掏钱给学生买教材交学费的仁慈，是李力被推进手术室连开三刀后第二个星期就走进办公室上班的背影。

"新东方精神对新东方的老师而言，是在教室停电后依然用嘶哑的嗓子继续上课，是在学生困惑时用励志的故事催人向上，是在学生劳累时用嘹亮的歌声鼓舞人心，是在夏天四十多度的教室里和学生一起背诵课文来抵抗酷热。

"新东方精神对新东方的学员而言，是在孤独和绝望中对人生光明大道的探索，是在举目无亲的城市从一辆公共汽车挤进另一辆公共汽车的艰辛，是在马路边一边吃盒饭一边背单词的勤奋，是在失败后又鼓起勇气重新爬起来的坚定。"

在新东方，任何一位新老师进来，正式上讲台前都要经过 30 次培训，而且对老师在理念方面的培训也极为重视，每年至少三次，每次两天，所有的老师都要上台讲新东方的精神与理念，甚至要求写读后感。这样的做法在外人看来，似乎有些过于偏执。

"新东方一直致力于阐扬一种朝气蓬勃、奋发向上的精神，从绝望中义无反顾地寻找希望的精神。当世界上的一切都成为如烟往事，唯一能够珍藏心中的是我们在今天的奋斗中所得到的精神启示。在未来的岁月里，心灵将引导我们，使我们能够潇洒地对待生活中的成功或失败，并在成功或失败时做出更奋发的努力，取得最终的辉煌。"

对此，俞敏洪有着自己的看法，他认为这才是新东方的核心竞争力，才能保证新东方的教学质量。因为俞敏洪是把新东方当成教育和精神来运营的，没有当成商品。当成教育来运营的背后不要忘了自己必须生存下去，要生存下去必须要有经营理念，否则年年亏本怎么活下去，所以要有剩余的利润或者是剩余价值，必须产生才能运营，何况还要向国家交税收。新东方就是把教育精神和经营结合起来，新东方到现在做得还是比较成功的。

俞敏洪说："新东方的每一步都是超越昨天走过来的。未来新东方如何在各个方面超越自己，这是我一直在思考的问题。新东方的超越绝对不是财富的积累和培训人数的增多，而是一种境界上的超越。新东方不仅仅是人们熟知的那个外语培训机构，它还赋予了自己更多的意义——致力于培育中国年轻人的精神气质，以潜移默化的方式促进中西方文化的融合，推动中国社会进步。"

广告的"战争"

俞敏洪刚开始创业的进修班，为了招生，他自己拎着糨糊桶在零下十几度的冬夜里去张贴小广告，由于天气太冷，把糨糊刷在柱子上，广告还没贴上去，糨糊就冻成冰了。后来俞敏洪就"每天上午贴广告，下午招生，晚上上课"。

俞敏洪刷广告刷得非常熟练，北京的冬天零下十几度，当时糨糊是用面粉和水调和出来的，往电线杆上一刷，几乎一两秒钟之内就会变成冰，所以动作要特别快，在糨糊变成冰之前广告已经粘上去了。

新东方的创业元老徐小平评论："俞敏洪左右开弓的糨糊刷，在中国留学生运动史上，刷下最激动人心的一页华章。"

当时广告只能往电线杆上贴，后来北京市出了一个规定，在每个路口竖大的圆的广告柱子。在那个时候俞敏洪本人已经不贴广告了，他花钱从安徽雇来两个农民贴广告。俞敏洪说，新东方最初创立的时候非常艰苦，为了宣传自己，经常在电线杆子上贴招生简章，和那些性病广告混在一起，结果被居委会大妈抓住一个一个地抠掉。"我带着新东方的老师去抠过，那些大妈看我这小伙子挺实在，还帮我一起抠广告，后来还帮我把这些广告贴在了广告栏内。"

当时的业余培训班很多，张贴广告是培训班招生的主要途径，而电线杆就那么几根，于是就有了广告战。

俞敏洪回忆说，广告战一开始就是我们的广告贴上去他们就啪一下撕掉。反正你前面在贴，后面跟一个人在撕，那个广告能在广告栏上待一分钟就了不得了。

现实从头至尾似乎都在和他开着一个又一个玩笑，英语热，这块鲜美的蛋糕不仅只有俞敏洪一个人发现了。这时的北京，大大小小的英语培训班遍地开花，不起眼的新东方根本无人问津。并且由于广告牌的面积有限，常常是前面贴上的广告糨糊还没干就被新广告覆盖了，直至发生了新东方张贴广告的人被刺伤的事情。"在北京当时有上百家的培训机构，都往广告柱上刷，你一刷，别的人几分钟之后就给你盖掉，我们最后刷的几万张广告都被别的广告覆盖了，包括各种各样的广告，性病广告、培训班的广告。后来打广告战最厉害的是培训班之间的广告，最后到了动刀子的地步。"

最后基本上到达什么地步呢？每个广告柱边上，每个学校雇着一个人在那儿站着。"当你贴广告的人一走，立刻就被覆盖了，后来因为我不太容易跟人去动粗，结果真的有学校那么干过，雇那种彪形大汉。我的广告员，不敢贴了，对方的人站在那儿，你敢盖我的广告，我就把你给捅了。"

"海淀有 20 多家培训部，像北大清华等等国家办的培训部，他们不会拿刀子来捅我们，毕竟是国家办的，但其他培训部不行。新东方出来之后就跟他们抢市场了，这时候他们成天跟新东方打架，还联合开会讨论怎么办；后来想办法拿刀子在贴广告的地方等着，结果导致我两个员工都被捅了，其中一个缝了 11 针，后来就不贴广告了。"

俞敏洪认识到这种恶性竞争所带来的伤害，于双方都没有好处，于是就和教育局的人说明了这种问题。最后教育局和有关的其他部门协商，决定一家最多贴一张广告在广告柱上，并且大家说好贴的位置，后来俞敏洪跟对方说，你们先选。等对方都选好了，最后新东方的广告是离地最近的位置。

虽说创业初期，出现了各种不愉快的情况，但俞敏洪这个亲手缔造中国最大的民营教育机构并在美国成功上市的"留学教父"，内心里其实一直都对创业初始阶段那种火热拼搏的生活念念不忘，并深感欣慰。

2006 年 9 月初，距离新东方上市还有几天，去纽约参加上市仪式之前，徐小平和已在美国的俞敏洪通话，回忆起当年的创业史，他们感慨万分。俞敏洪说得兴奋，忍不住对即将赴美的徐小平说："小平，顺便带点招生简章过来，在纽约地铁里发一发，糨糊就算了，这里有的是不干胶。"这是徐小平在一次新东方上市庆功会上对那段故事的一个生动描述。

"免费营销"策略

虽说新东方有了展示小广告的地方，但是这种广告的效果并不好，能看到的人并不多，这时俞敏洪发挥了他商业上的才能。

"我后来发现贴广告不行，我贴一张，别人可以贴十张。我觉得这样不行，就开始了第一次商业营销策略，我想如果收费他们不来的话，我免费难道他们还不来？所以最后我创办了两个免费项目：

第一个免费讲座，当时我用计算机处理文字和印刷的钱都没有，都是自己用钢笔写的招生简章，这个效果非常好，因为大家想免费讲座还不听吗？没想到，我租一个能容纳 50 人的教室结果来了 500 人。这个成功之后，我连续做了很多免费讲座，大家就知道有这么一个学校存在了。"

俞敏洪用免费讲座的方式把这个广告直接递到学生手里。

俞敏洪做过调查，问过一些学生，学生最担心的是培训班的老师讲得不好，几百块钱会白花。"不花钱不就不用担心了嘛，他免费听了之后就知道我们水平怎么样了。"

到现在为止，新东方还保持前两堂课免费的传统，就是在前两堂课学生听完以后对老师不满意，可以无条件退班。如果老师没有实力会引起退班的高潮，学生退班达到 10% 以上，这个老师在教室就待不下去了，新东方就会把他辞掉。

俞敏洪表示，这也是一把双刃剑："好处是，如果你的老师真很有实力让学生待在这儿，特别优秀的老师，学生来了一个都不走。但是不是每个老师都是最优秀的老师，也有一般的普通老师。新东方出现过退班这样的情况，也有退班率达到 10%、达到 20% 以上的老师，新东方就把他辞掉了。"

"现在最大的营销还是培训学生，老师正成为新东方的营销者。老师教学质量的好坏，对新东方的影响最大，所以我特别希望把我们现在 10% 的营销费用拿出来，通过一种机制把这部分营销费用分给老师。"

"励志"精神营销

新东方起步之初，中关村一带出国考试培训市场的竞争局面可以用混乱来形容，包括北大、清华、北京外语学院在内的十几个学校开办了无数个培训班，为何俞敏洪却能够横刀立马，异军突起？

有营销专家分析认为："新东方不仅营销课程，更主要的是在营销一种人生精神。"并指出这才是俞敏洪成功的决定性因素。

除了技能教育，俞敏洪在新东方的教学系统中加上了另外两个要素，即对学生的励志教育和价值观教育。俞敏洪一直希望把技能教育、励志教育、价值观教育三个要素系统化地糅合在一起。目的是让学生明白一个道理："你追求那些价值体系的东西以及自身精神状态的完善，最终的结果必然是更好地赚钱，过上更美好的生活。"

企业也是如此。"如果说我一门心思地想赚钱，新东方早就不存在了。因为学生一看这里就是赚钱机构，别的什么也不管，根本不会来新东方学习。赚钱是新东方经营教育的一个副产品。我要不要赚钱呢？当然要，但是当我把赚钱变成一个副产品，以其他东西为主的时候，新东方反而就成功了。"

所以，一个企业，当它有价值体系、有社会责任体系的时候，一般都会变成一个比较良好的企业。从世界范围来看，这样的企业很少会倒闭的。

励志教育

新东方与以往任何一个培训机构完全不同的是，新东方不仅营销课程，更主要的是在营销一种顽强奋斗的精神。这是与其他任何培训机构完全不同的体验。注重精神培养看似与新东方的教学内容无关，但是事实上，其"额外附加值"非常高，因为在"贩卖"知识的同时，新东方也把积极的人生态度和奋斗进取的钢铁意志打包卖给了学生。

"如果你想使自己活得更好，首先的一点并不是出国，而是无论在国内还是在国外，你都要问自己能做什么，你怎样能把一件事情做得非常好。"俞敏洪经常联系人生哲学的做法，无疑也抓住了当时时代的特征。"凡是听过新东方讲座和上过新东方课程的同学，一定会有另外一个说法：'学习到的东西远远不只是英语。'不能指望新东方像北大、清华那样，用十年、二十年的时间培养出伟大的思想家。我们需要做的是用一个月、两个月的时间让学生对新东方念念不忘。坦率地说，我们做得很不错。"

实际上，俞敏洪当初并没有意识到自己的做法在商业上的意义，按照俞敏洪自己的说法：这仅仅是一个教师的问题，一个怎么吸引学生，让学生满意的问题。

新东方最初的时候只是以英语教学为主，本没有主动想到给学员灌输一种思想和人生上的指导，但后来俞敏洪发现在课上纯粹教授英语技能效果并不是很好，学员常常昏昏欲睡。有一段时间，俞敏洪发现从新东方出去的学员再看到他后，并没有记住他在课上讲的某个单词，而是记住了他在课上不经意间讲的一两句话，而这些话使学员心动了，学员把它当做座右铭，然后开始努力奋斗，最后成功了。所以俞敏洪就意识到，虽然不能把新东方的思想当成体系灌输给学员，但是有些话在课堂上是必须要说的，因为说了以后对学员产生的作用要比只讲英语技能好。后来新东方的教师们就有意识地给学员灌输一些有关成功、奋斗的理念。这些有关成功、奋斗的理念也就在不知不觉中形成了一个体系，这个体系就是新东方精神！

"我们说过'要义无反顾地从绝望中寻找希望'，说过'成功或失败是往事如烟，我们要潇洒地面对人生并且迎接更多的人生辉煌'等等这样的话，这些语言只体现了新东方精神的一部分。"课堂上新东方老师讲的每个故事，每段人生经历，对学生的每一次鼓励，甚至是每一句英语格言，都在体现新东方精神和思想。新东方老师上课不仅仅是讲英文，而且还在讲着比英语更重要的东西，那就是激发学生潜力和激情的种种话语。

新东方老师如果上课讲的是平庸的笑话、庸俗的语言，或者是浅薄无聊的东西，那就意味着他们其实并不代表新东方精神和思想。那些没有道德修为、没有人文气质、没有哲学知识、对自己人生没有明确定位的老师，都是缺乏新东方老师的特质和魅力的。

有人将新东方的教学风格分为三大门派：激励派、学院派和激情派，而俞敏洪就是"激励派"的掌门人。他善于利用各种方法激发学生学习的积极性，鼓舞学生的斗志，渲染气氛，将一堂课上得新鲜有趣、活泼生动，更让人有一种浑身充满力量的感觉，深受学生欢迎，很多学生都以听过俞敏洪的课为荣。俞敏洪对自己的教学能力也毫不谦虚："我去给学生上课，我一定是一个合格的老师，打

90分应该没有问题。"

学员来到新东方除了学习英语、学习考试技巧和学习方法等技术上的东西以外，还得到了人生上的启发、思想上的激励。实际上就是新东方的校训"在绝望中寻找希望，人生终将辉煌"在课堂上的体现。它激励、感染了无数学员走出人生低谷，迈向未来的辉煌。俞敏洪认为，对一个人来说，技术上的东西很容易学到，闭门学习英语，两个月的时间，肯定会有一个提高。技术对社会也很有用，但技术如果没有思想进行引导的话，是没有用的。新东方之所以能发展到今天的规模，就是因为新东方除了教授学生技术上的东西以外，还教给了学生比技术本身更重要的东西，那就是新东方精神。

"一个人如果想成功，他必须要具备除技术以外的东西。学员来到新东方以后，他需要学的除了英语之外，还有对这个社会的看法，为人处世，做事的心态，做人的胸怀、理想、追求和目标。没有胸怀、理想、目标，你是做不成什么事的，因为你不知道你做一件事到底是为了什么，当然也就不可能把它做好。如果一个人没有胸怀、理想、目标，就算你的英语学得再好，也无非就是一个懂英语或者说是精通英语的技术人员，而你为这个社会所做出的贡献是很有限的。"

一个连一个，一拨挨一拨，一批接一批，几百万学子踌躇满志地走进新东方，经过一番洗礼后又走出新东方，收获满满，感受多多。到底是什么在吸引着他们？综观下来，大抵是"有意思"、"让人感到骄傲和力量"、"能感染到那股'在绝望中寻找希望'的动力"这三种因素。

为什么新东方能成功？"因为我们形成了新东方特有的文化氛

围，学生进入我们教室听老师讲了两三堂课之后，有点儿像吸鸦片一样，听了老师一两个小时，回家可能学习五六个小时，但一般的教育都是学生在课堂上听完了课之后，回家根本就不学了。我们把素质教育融入了培训课程当中。"

正如俞敏洪所言，人活着需要有一种感觉，新东方之所以被很多人接受，也是因为新东方有一种感觉存在，凡是到过新东方的人，都在新东方感觉到了一种活力、一种顽强和一种豁达。学生为什么愿意到新东方来，实际上是因为在英语学习的过程中，我们使学生感受到一种奋发向上的气氛，一种自己觉得想要去干点事情，想要求得一些成就这样的冲动。

随着新东方的发展，俞敏洪自己走进课堂上课的机会没有了，但他每年在全国各地要做两三百场演讲，几乎平均每天一场，继续用语言的力量向每一个学生表达和传播着他心底独具魅力的人文气息。

在被学生们总结为"激励型"风格的授课和演讲中，他常常用到的例子就是自己的经历，当面对这样一个本身就是一部励志教材的人时，没有谁不被其感染，学生可以从他身上看到自己的希望和未来。那些正准备留学，或者已经出国，或者学成归来的学生，几乎都在新东方里度过了一段激情燃烧的岁月。

对于所有参加过新东方培训的人来说，也许对新东方精神的感受会远远超过对学习英语的领悟，不少人对新东方培训的一个做法印象十分深刻，那就是新东方会自己出钱印刷《新东方精神》，再免费送给学生，人手一册，目前已经有两百多万学员拿到过这本书。

"我们的学员可能已经忘记了当初在新东方所学到的单词，但是他却还记得新东方老师在课堂上所讲过、激励过他的话，而正是这种'励志'精神，使新东方的学生从心底对社会有了一种豁然开朗的感觉，这也是新东方超出其他众多同类学校的一个重要因素。"

价值观教育

一个老师讲课的魅力不在于对知识的透彻讲解，而在于指导学生生活，指导人生。新东方不仅教学生英语，还要教他们做人的胸怀，升华他们的理想、追求和目标。俞敏洪在《培育年轻人的精神气质》一文中这样写道：

"新东方是一家教育机构，面对众多的大中学生。在与学生们打交道的时候，我发现了一个很重要的问题：中国学生有追求前途的愿望，但由于整个社会大环境的影响，他们身上有两点非常欠缺。

"第一点是他们的人生方向与本身的精神状态，比如面对挫折、失败时的心理状态、坚韧程度，以及对未来执着的追求方面，这些学生与我们这一代人相比差了很多；第二点是在价值、道德体系方面欠缺了。很多人为了赚钱，为了过上好的生活，可以采用一切手段。

"总的说来，我认为是学生的价值体系、行为体系和道德体系出问题了。因此，我觉得光教他们学英语是不行的，这很有点像当时鲁迅先生的'弃医从文'——鲁迅为什么不想当医生了？因为他发现，身体健康但精神麻木的人如同行尸走肉，对社会没有任何意义。所以，鲁迅先生决定扔掉手术刀，拿起笔来唤醒中国人民的精神。

"我当然没有那么大的志向，但我觉得，如果光教给学生英语而不教给他们别的什么，最后培养出来的也许是一个卖国贼。就是说，一个民族的年轻人如果没有一种精神气质，那说明我们的教育是有问题的。"

俞敏洪认为，中国现在整个体系不仅仅是教育系统有问题，而且整个的价值观也有问题。这种现象当然也很正常，因为中国是从一个农业社会迅速地走向商业社会，在这个过程中，人们对于财富的关注胜过对于所有价值观的关注，但是，面向未来，中国一定要有一套价值观。西方社会在这个过程中最后还是以宗教取胜，就是说，大量的人还是停留在美国西方的生活习惯。他们对价值体系的引导、教育体系的引导，主要还是以基督教、天主教等宗教的那种人生价值体系为主。

新东方的核心竞争力可以概括为以下两点：第一点，新东方是一个体现价值观和信仰的企业。新东方是一个理想集团，不是一个利益集团。第二点，新东方积累了一批比较深刻理解价值观，并确实能够体现这样价值观的人。

俞敏洪说："中国总要有一个价值回归，要不就回归到儒家价值中合理的东西中去，要不就是把中西方文化价值结合起来形成一套新的价值体系。这样的话，中国的社会、未来才有可能真正让人们有归宿感、有心灵的安宁。这一点，实际上我们的政府也意识到了，他们也在反复地强调价值观。但是，政府的价值观由于几十年的外交体制和空洞的宣传而不是言传身教的那种教导，使人们感到不太容易现实地去遵从。我们在团队上也讨论这个问题，团队上说我们新东方倡导的所有的这些观点，对学生弘扬励志精神和价值体系就是我们一直想做的事情，但是我们着手做的时候就没有这么好的效果，结果我们新东方下去一做，每个讲座都有几千、几万个学生来听。听完以后学生确实都有所感受。但是，这些都是零零碎碎的东西，我们想把它做成一整套完整、系统的东西，所有的青年学生和中青年人，尤其是青少年能够非常容易接受的这样一套体系，这套体系又能跟中国政府的发展和中国政府所弘扬的价值观融合在一起。"

新东方的课堂既是英语学习的天地，同时也是民族主义、爱国主义的讲场。这种说教式的方式为什么在新东方会讨得学员的喜欢？俞敏洪表示，其实每个人，不管是在什么环境下长大的，他都需要鼓励，需要支持，让他感到心中有某种东西。只不过要看你用什么语言来告诉他们。大家为什么喜欢看崔永元、易中天的节目？同样是用嘴巴在讲，但是我们就是爱听他们讲的道理，如果一个人像官员讲话一样来跟你讲那些道理，你虽然老老实实在那坐着，却可能一点也不接受。做教育，如果崔永元、易中天来给学生讲课，肯定也是场场爆满，谁还会逃课？只有先迎合学生，才能引导他们，才能让他们接受价值体系的教育。

第八章

人生哲学：永不言败

　　人进入社会的过程就如同一团散的面粉，然后被社会不断地揉，最后变成非常有韧性的面团的过程。也就是说你的心理承受能力要经过不断地锻炼，蹂躏、折磨、压迫、挫折等词都是形容对人的某种考验。在这种情况下，如果你锻炼出来了，遇到失败和痛苦，你就能够承受，如果没有这个能力，你就承受不起这个压力。

苦难是成功的垫脚石

俞敏洪给年轻人的 8 堂人生哲学课

战胜自卑：人生的财富

一般来说，自卑的人有两种导向：一种是战胜自卑，成为成功人士；一种是被自卑彻底打败，一辈子碌碌无为。

奥地利小说家卡夫卡出生于一个犹太商人家庭。他父亲性格暴躁，而且非常专制，这使卡夫卡从小就形成了敏感多疑，忧郁孤独的性格，他有时不免有点自卑。事业最不顺心的时候，他甚至说过"巴尔扎克的手杖上写着——我粉碎了一切困难，我的手杖上写着——一切困难粉碎了我"这样很绝对的话，不过，卡夫卡没有放任这种自卑，而是一直企图超越自己，最终写出《变形记》、《城堡》这样优秀的小说，成为西方现代派文学的鼻祖。

瑞士学者、分析心理学之父荣格曾经说过：自卑可以成为人前进的动力。他认为，自卑主要是来自于人内心的自尊，对于一个善于自我调节的人来说，自卑和它背后的自尊是可以激发他内心赶超别人的心理，进而促使他产生更强的拼搏劲头。

俞敏洪说，其实自己是一个很自卑的人。"20多年前，我从江苏农村考上了北大，我性格内向，本来就不善言谈，再加上不会说普通话，也不敢开口跟人说话，整个人就被自卑笼罩着。"

开学之初，俞敏洪看到同宿舍的一个同学在看一本外国小说

《约翰·克利斯朵夫》。俞敏洪此前没看过，就问："你看的是什么呀？"那个同学睁大眼睛看着他，仿佛是在看外星人，半天才说："这本书你都不知道？"脸上满是惊讶和不屑。俞敏洪认识到，同为北大学生，他跟他们的差距太大了，于是发狠进图书馆恶补，后来毕业时，他基本上成了他们请教的对象。

在北大，一个来自农村的孩子，不会说普通话，也不会吹拉弹唱，面对北大能说会道的城市孩子，自卑的产生也就成为必然。"我的大学生活是孤独和自卑的。"俞敏洪说道。

我们可以想象得到的是"一个农村孩子走进大城市之后的转变是深刻而痛苦的"。进入北大，俞敏洪感受到了社会地位的巨大差异。同学都出生在城市，家庭环境不错。大学里谈恋爱，女生也会找各方面条件都好的，而不会找他这样的农村孩子。

俞敏洪说道："我在北大一直挺自卑的，从进北大到出北大的11年间，我一直生活在自卑里。直到离开北大以后，我才发现，北大是我自卑的原因。但是自卑也有好处，在自卑中我学会了两个本领。第一个是察言观色的能力。自卑就要看人脸色，因为我不相信自己，总要揣摩别人是怎么想的，因此看到别人的眼神、动作，我就会琢磨他的心理状态是什么。后来我发现，这个用在管理中非常有效，管理中就得揣摩员工想要什么，要揣摩与员工的关系怎么发展。这是在北大11年的自卑给我带来的第一个本领。第二个本领是练就了不把自己当人看的心态。就是因为自卑，所以有了这种坦然的心态。到最后就算我做成事情了，也不会太出格。人最怕的就是飞起来的感觉，你太把自己当人看了，动不动就会得罪人，动不动就会瞧不起周围的人，有的时候一不小心就会做出格的事情。"

　　俞敏洪在一次演讲中说道："北大五年，没有一个女孩子爱我。"他形容自己对爱情的渴望是"见到任何一个女孩都想扑上去"。"我还养成了另外一个习惯，就是不善于和人打交道。首先我是从农村来的，普通话讲不好；其次又产生了自卑的情绪。所以，除了跟宿舍的几个人认识以外，跟北大的任何一个人都不认识。我在大学最大的损失之一，就是没有参加任何大学生的活动。

　　"后来我深深体会到，大学生的活动实际上是很重要的。它对一个学生锻炼自己的心志，锻炼自己开朗的个性，锻炼自己与人交往的能力，是非常重要的。但是我没有学到这个东西。所以说，在北大的五年，我过着一种比较痛苦的生活。"

　　很多年后，当俞敏洪回过头来看这段日子，他坦言，自卑对于一个人未必不是一件好事：自卑使人非常敏感，继而懂得察言观色，揣摩别人的心理。这种敏感一旦回归了自信就会形成一种更善于与人沟通的能力，懂得考虑别人的感受去做事就更容易成功。

　　谈到大学交友，俞敏洪说，他和室友们相互讽刺、打击、侮辱。在长期被"打击"后，自己通常不把自己当人看，没有什么可打倒自己，心胸也开阔了。俞敏洪说："第一天，我们就互相打击讽刺，到最后都成了互相侮辱，我们基本上是轮流来了，最后的结果是同学之间都慢慢习惯这种行为了，习惯正视自己的弱点，正视自己的心中甚至有一些卑鄙的地方，所以我们很快就形成了自我讽刺、自我打击、自我侮辱，你侮辱我还不如我自己侮辱自己呢。"

　　"所以就形成了一个心态，你说我是猪，我觉得我连猪都不如。在大学里同学之间的互相交流，这种东西给未来会带来很大的好处，能做到今天，我们一直保持了这个传统。一帮朋友在一起除了互相讽刺打击，除了互相说笑没有别的，没有说你这个人做事不错等等一些好话，这些话听起来觉得是对我们最大的侮辱。我们都有比较坦然去面对社会的好状态，后来我发现这个是我们在大学互相锻炼的结果，引发了互相批判的精神。"

俞敏洪忠告年轻人：无论是创业还是求职，青年学生都不要把自己当"人"看，现在的大学生就是太把自己当人看了，所以就承受不住打击。

俞敏洪表示：懂得自卑的人做不成大事，但自卑也是人生的财富。"我要恭喜那些自卑的同学。但是你们也要听我讲完下面的话，那就是要从自卑中走出来。只有这样你的自卑才来得有价值。我在北大的时候，一直是一个被边缘化的人。也就是，我什么也不是。正因为这样，才锻造出了我的品性。"

正因为在北大被边缘化，让他的欲望在压抑中蛰伏。由于北大浓烈的人文思潮，使他内心总想融入北大主流，但事实总是与愿望相违。这种心态的反差，才锻造出了俞敏洪坚韧、刻苦、百折不挠的品性，也使得他比较务实，一心奔生计、谋事业，才有了后来俞敏洪的事业——新东方。

俞敏洪说，北大的人一般都会把自己放得很高，而他会把自己放得很低。"北京大学的五年，包括上学和留校任教，是我人生中最悲惨的阶段，我自己都瞧不起自己。"直到 1995 年，新东方一下子招到了很多学生，"新东方做起来了，我才走出自卑的阴影。"从自卑到不自卑，俞敏洪用了十五年。

俞敏洪在《赢在中国》栏目中点评一位选手时，他这样说道：

"当我们评委在讲杨帆是个小天才的时候，你说所有的人的眼睛都在异样地看着你。但我从下面选手的眼神中并没有看到任何异样，这是因为你的内心反射到了别人的脸上。因为我当时在北大被处分的时候，我就感觉到北大所有人都在鄙视我，其实北大的人根本就不知道我是谁。这从某种意义上体现了你内心的虚弱，这种虚弱就是你给自己建了一个盔甲，这个盔甲就像蜗牛的壳一样。这个蜗牛的壳实际上是你自己加上去的，如果你再多点勇气的话，你就可以把这个壳卸掉，你甚至可以长出翅膀来，天地之间，由你自由翱翔。""我用了整整十五年的时间，才把我身上的壳卸掉，从此，我变成了一个自由人。"俞敏洪如今是非常自信的，"如果一个人从来没有自卑过，只是自大、傲慢过，这个人一定很浅薄。"

自卑让俞敏洪在很多情况下都能够沉住气，比别人多想到一些，比别人多看到一些。

模仿生命中的榜样

俞敏洪认为，这个世界上永远是先学会做人然后才能做事。人做不好，事就做不好。

"俗话说，榜样的力量是无穷的。所以我们要学习榜样，提高境界。学习榜样，主要是从两方面来说：一是从现实生活中学，一是从历史人物中学。孔子说：'三人行，必有我师焉。'每一个人身上都有你可以汲取的营养。即使从失败的人身上，我们也可以汲取教训。新东方的很多人，都是我学习的好榜样，我从每个人身上去寻找他们的优点。大家只要接触过新东方的高层领导，就会发现他们的性格太不一样了，优点是如此明显，缺点也是如此明显。但我从他们身上看到了我可以学习和借鉴的东西。胡敏老师做事严谨，王强老师个性耿直，徐小平老师充满激情，包凡一老师坦率直白，杜子华老师诚恳憨厚，钱永强老师勇往直前，陈向东老师的经济意识和市场意识，他们都是我学习的榜样。"

许多早年就熟识俞敏洪的朋友都知道，他最喜欢交朋友，新东方的发展轨迹也画出了他交朋友的轨迹。从读书到创业的朋友都有，而这些朋友在他日后的事业上帮助不小。

俞敏洪的理论是，人就要跟着比较牛的朋友走，哪怕是个牛屁股。因为只有和这些牛的朋友在一起，才会有那么开阔的眼界，自己才会牛起来。这也是俞敏洪所与众不同的"宁为凤尾，不做鸡头"的精神。做凤尾虽然活得冤枉，但毕竟凤凰是择树而栖，鸡连树都上不了，两者所看到的世界是截然不同的。

俞敏洪认为，宁可跟一群优秀的人打交道。如果你是最后一名，你要向他们学习，不管怎么被他们挤压，但你不能在一群没有出息的人中间成为第一名。"要敢于向优秀的人学习，比如说在北大，我的成绩可以说是比较差的，毕业的时候是排在全班倒数第 5 名的，但是我交的朋友却是比较不错的，比如说现在新东方几位主要人物，王强当初是我的班长、团支部书记，徐小平当时是北大的老师。我跟他们交往的一个重要原因是他们在某方面比我优秀。"

俞敏洪自认为不是一个很聪明的人，俞敏洪说道："也许是因为天资愚笨，我总是羡慕那些比我优秀的人，我追随在他们后面，还热心地为他们做事。"

俞敏洪的优点就是从来不嫉妒比自己优秀的人，而总是在努力模仿他们，把他们作为自己的学习榜样。俞敏洪认为也正是这一优点成就了今天的自己。

在北大读书的几年，尽管俞敏洪从没谈过恋爱，但却追随了不少优秀人物，公开或偷偷地从他们身上汲取精华。"现在在新东方共事的很多优秀人物都是我过去二十多年学习的榜样。王强特别喜欢买书读书，我几乎每星期都跟着他逛书店，自己也买书来读。王强迄今已有藏书逾万册，我的藏书虽不及他，却学到了和他相近的读书习惯。徐小平当年在北大是著名的活跃分子，思想敏锐，口若悬河，我经常听他侃大山，听到激动人心处就赶紧记下，回去暗暗模仿。今天我上课风格里有一部分就来自徐小平。另外还有睡在我上铺的包凡一，他独到的批判精神和自嘲精神，对我后来的做事方式和判断力也产生了很深的影响。"

俞敏洪也读过不少名人传记，也仰慕过毛泽东的天才、富兰克林的智慧、林肯的信念、卢梭的坦诚，甚至羡慕过毕加索的九次婚姻。俞敏洪说："我生命中也有榜样。比如说我有一个邻居，非常的有名，是我终身的榜样，他的名字叫徐霞客。当然，是五百年前的邻居。但是他确实是我的邻居，江苏江阴的，我也是江苏江阴的。因为徐霞客给我带来的那种感动或者说是羡慕，直接导致我的高考地理成绩九十七分，满分一百分。徐霞客给我带来了穿越地平线的感觉，所以我也下定决心，进入北大以后，如果徐霞客走遍了中国，我要走遍世界。而我现在正在实现自己的这一梦想。只要你心中有理想，有志向，同学们，你终将走向成功。你所要做到的就是在这个过程中间要有艰苦奋斗、要有忍受挫折和失败的能力，要不断地把自己的心胸扩大，才能够把事情做得更好。"

榜样的力量是无穷的。在现实生活中，每一个人都有可能成为我们的榜样。俞敏洪说，我们要善于从生活中寻找榜样，诚心诚意地向他们学习，这样，即使你不能超越他们，你也会变得更加优秀！

面团理论：永不言败

俞敏洪于 2002 年 1 月在多伦多大学演讲时说道："过去，我一直认为自己是个'loser'。高考考了三年才考上，我是个'loser'；进了大学，没有一个女孩爱过我，我是个'loser'；大学三年级得了肺结核，我是个'loser'；在北大教了七年书没有什么成就，我是个'loser'；在北大十年没参加过任何活动、任何团体，我是个'loser'；被北大开除出来无处安身，我更是个'loser'。"

在三十岁以前，俞敏洪几乎没有尝到过成功的喜悦。"我的自信心被现实不断地摧毁。后来我到外语培训部去上课，不断努力提高自己的上课水平，终于逐渐在课堂上、在学生的眼神中找回了一点儿自信。当我对培训越来越有兴趣的时候，我就下决心做自己的学校。在做学校的过程中，在和别人打交道的过程中，我不断地失败，不断地成功，又不断地失败，再不断地成功，这种过程造就了我自己坚忍不拔的性格。我的好朋友王强对我有一句评价，他说俞敏洪像芦苇一样刚强！意思是我的性格尽管柔韧，但却不容易屈服。后来我发现，我周围许多成功人士的个性里都有着非常柔和与非常刚强的两面性。"

俞敏洪认为，人进入社会的过程就如同一团散的面粉，然后被社会不断地揉，最后变成非常有韧性的面团的过程。也就是说你的心理承受能力要经过不断的锻炼，直至最后成熟的过程。蹂躏、折磨、压迫、挫折等词都是形容对人的某种考验。在这种情况下，如果你锻炼出来了，遇到失败和痛苦，你就能够承受；如果你没有这个能力，你就承受不起这个压力。"你遇到的艰难、打击、失败、挫折，都是往面粉中间掺水，掺水的过程就是不断地揉，最后慢慢就变成了面团，再拍就散不了了。"

有两种人在世界上的成功是必然的。第一种人是经过生活严峻的考验，经过了成功与失败的反复交替，终于成大器的那种人。另一种人没有经过生活的大起大落，但在技术方面达到了顶尖的地步。比如说你是学化学的，最后成为全世界著名的化学专家，这也是成功。

俞敏洪发现，一个人的生活中如果没有经历过大起大落或经受摧残打击，他们的成功有时是很平庸的。大学时不少朋友成绩比较好，努力考完 TOEFL、GRE 就出国留学了，留学时的成绩也不错，毕业以后找了一个比较舒适的工作，从此就过上了一种有老婆、有房子、有车的平庸生活。

创业者能否经得起大起大落及成功与失败的反复交替，主要在于他的心理承受能力。俞敏洪在《赢在中国》节目中点评选手时说，什么是心理承受能力？举一个简单的例子，一些面粉放上水揉一下，然后一捏面粉很容易会散开，但是你继续揉，揉了千万遍以后，它再也不会散开了。你把它拉长，它也不会散架，它只会变成拉面，这是因为它有了韧性。

"你的心理承受能力，决定了你未来能做多大的事情。只要你敢做生意，只要你敢下海，只要你敢自己干，你就得有这样的经历，这是没得商量的。就像你不会游泳跳到海里去，你一定会喝水，说不定还会被淹死。所以我觉得你要锻炼自己的心理承受能力。"

追求生命的尊严

汇源集团老总朱新礼曾说过："创业改变人生，创业赢得尊严。"事实上，多数人创业都是为了赢得一份尊严，正如《赢在中国》主题曲《在路上》所唱：

"那一天，我不得已上路，为不安分的心，为自尊的生存，为自我的证明。"俞敏洪也不例外。

俞敏洪说："追求生命的尊严，是人类历史不断发展和进步的最根本动力。我们崇敬那些为我们留下了宝贵的精神遗产、历史遗产和物质遗产的先辈们，我们同时也希望自己通过创业，通过不断的努力，能够为家庭和社会留下些什么。不管你承认不承认，每一个人都希望活出一份崇高来。"

俞敏洪曾在接受媒体采访时说过，在北大上学和教书的时间，他自己都看不起自己。因而，俞敏洪当时的梦想就是追求尊严和尊重。"年轻时，我一直在追求，表面是在追求更加幸福的生活，实际是在追求生命的广度和深度。追求生命的广度，是指个人世界的空间延展；追求生命的深度，是要清楚一生靠什么来获取自尊与尊严。自尊是一种自我尊重，尊严是别人对你的尊重。"

刚开始创办新东方学校的时候，俞敏洪并没有打算把这个事情干成，只是觉得多招学生多赚钱，自己去国外读书可以付学费，可以追赶北大同学的脚步，实际上他是在追求一种自尊。

"那时在中国人的心中，出国读书，回来一定是社会地位不一样，感觉都是不一样的，你会发现别人看他们回来都很羡慕。不少的同学到北大也不来看我，把我忘了。你自然感觉出国了会和大家在同一个水平线上，当时办新东方学校的初衷也不是要办到今天，就是想赚钱出国留学。办到1994年、1995年的时候，意想不到，学生越来越多了，在新东方人数超过一万人了，在当时来说那是规模相当大的学校。"

俞敏洪认为，人一辈子其实就是这样一个去经历、去体验，然后得到升华的过程。生命要有尊严。尊严分成两种：一种是别人看得起你，用中国人的话说就是这件事情我做得很有面子；另一种是自尊，要自己看得起自己。

俞敏洪常常跟很多人说，其实要饭都有两种要法：如果你纯粹为填饱肚子要饭，就是卑微的要饭；如果你只是没有钱，你靠要饭来实现自己走遍全世界的理想，你为了变成全世界最伟大的旅行家而要饭，你立刻就有了尊严，人们都是带着敬仰给你饭的。

相信未来，热爱生命

最精彩的人生是到老年的时候能够写出一部回忆录来，自己会因曾经经历过的生命而感动，也会感动别人继续为生命的精彩而奋斗，你这时候才能说自己的生命很充实。

很多人家境富裕，要买手机、电脑，父母都会满足，虽然在得到的一瞬间会感到很快乐，但因为容易得到，所以容易失去。因为得到容易，所以不会珍惜。而生命中最美好的就是珍惜得到的东西，珍惜的前提必定是因为得来不易。

俞敏洪十年前就碰到一个特别令人感动的故事："有一个大学生来找我，虽然非常贫困，但想出国，想上新东方的 GRE 和 TOEFL 班，但没钱，他问我能不能暑假在新东方兼职做教室管理员，并且安排他到 TOEFL 和 GRE 的班，查完学生的听课证扫完地后就在后面听课，我说当然可以。没想到这个学生又提了个要求，如果两个月的兼职真的做得很好的话，能否给他 500 元工资让他买个录音机，我说没有问题。结果那孩子做了两个月，所有接触过他的人都说这孩子刻苦认真，所以到了两个月后，我给他 1000 块钱的工资让他买录音机。他买好后，边听着录音机边流着泪。我知道他被自己的行为感动了，以后肯定有大出息，果不其然，几年后他被耶鲁大学以全额奖学金录取了，现在还在美国工作，年薪 13.5 万美元。所以说只有被自己感动的生命才会精彩。"

俞敏洪曾怀揣 100 元人民币，走到了泰山，走到了黄山，走到了九华山，走到了庐山。"我一边走一边帮人家干活，走到九华山发现没钱了，就睡到一个农民家里。那个农民在江边给我弄了个床，还找我要钱，而我口袋里只有 5 块钱。于是，我就说帮他一起插秧来抵消住宿费。他左看右看说，大学生怎么会插秧呢？结果插了一天我插了四分之三，而他只插了四分之一，把他感动了半天。他说，你怎么会插得那么快呢？我说，我 14 岁那年就获得过我们县的插秧冠军。然后，他晚上杀了一只鸡要我一起喝酒。他越聊越觉得我不像大学生更像农民。第二天我走的时候，他居然掏了 10 块钱给我说，我知道你口袋里没钱了，明天还要去庐山，这点钱就给你当路费。"

俞敏洪说，生命是有各种活法的，哪怕你坐到书斋中间，也要让自己的生命变得伟大。陈景润一辈子没出过书斋，不也是世界上最伟大的数学家？所以不管在什么状态下也要像一首诗写的那样"相信未来，热爱生命"。

成功，永无止境

有一次，俞敏洪在美国一所大学校园里散步，忽然，一个身穿白色 T 恤的女孩从他身边走过去，俞敏洪看到了她的 T 恤背后印了一行鲜红的英文：Success Is Never Final（成功永无止境）。他的心灵一下子被这句格言震撼了。这一句"成功永无止境"让俞敏洪深有感悟："我本人从来没感觉到真正的成功，一直是做完一件事情之后总有另外一件事情在等着你。并不是因为我的欲望太高了，而是教育领域有特殊性，你总是要满足别人的期待，不是满足自己的期待。学生的期待很纯洁，所以你会不自觉地全力以赴以求做得更好。"

俞敏洪说："常常有人问我关于成功的问题。我从来不认为我是成功的，所以我通常不太愿意讲成功。如果说我取得了成功，也仅仅是因为我在某一点上取得了一点成绩而已。说任何一个活着的人成功都有些言之过早。原因很简单，任何一个活着的人，他的生命还要继续，他的未来没有任何人可以预料到。再坚强的人，也无法预料未来他的精神是不是会有崩溃的一天；再脆弱的人，也无法预料他是不是会有变得坚强的一天。有不少人曾被媒体赞扬吹捧，最后却突然遭媒体曝光诸多负面新闻；有不少人曾受到历史的质疑，但最后被证明是真正的英雄。所以，对我们来说，成功很简单，就是不断地向前走。"

"当一个人认为自己成功的时候，往往是失败的开始，因为成功之后就没有进步了，所以现在大家认为新东方不错。如果新东方明天倒闭，大家会认为俞敏洪是失败者，如果新东方在刚开始时就失败了，那谁都不会知道，也不会指责我。所以，一个人往下走，第一是防止走向失败的结局，第二就是化解失败背后的原因，最后使它能够保持一个稳定的发展。我现在在新东方最大的任务，就是维护新东方，也维护自己。"

俞敏洪强调："我在这个位置上，任何一个失败，都可能被无限放大，任何一个成功也可能被无限放大，因此它就不再真实。面对不真实的东西，作为当事人，我就一定要有冷静和充分的认识。如果我真人模狗样地把自己当成功人士我就完蛋了。一定要把自己看成一个普通人。理由非常简单，我考虑到了新东方失败的那一天，或者说我被社会当作反面教材的那一天，我能用什么样的心态来面对这样的现实，实际上这就体现了我有没有冠军的素质。"

当时，俞敏洪已经将新东方从一个小型英语培训机构做成了一个国内最大的培训学校，实现了他当初要摆脱清贫生活的目标，所以在很多人的眼里，他已经是一个成功者。但是，俞敏洪本人却是相反的感觉，由于学校发展而带来的一系列的困惑和痛苦，由于他自身知识结构跟不上学校发展而导致的学校管理问题越来越尖锐的烦恼，他知道新东方要想继续发展下去，并实现规模不断扩大，就必须对学校的组织结构和管理结构进行改造。

因此，俞敏洪认为，成功是要等到一个人死了盖棺论定以后才能说的事情，是长时间的历史证明是对的事情；另一种成功就是一个人的思想改变了一代人的命运，那么无论他个人如何，这个人也成功了。

俞敏洪表示，历史尚无定论，新东方就是这样一座丰碑，所以，还不到说新东方已经成功的时候。"因为成功没有尽头，生活没有尽头，生活中的艰难困苦对我们的考验没有尽头，在艰苦奋斗后我们所得到的收获和喜悦也没有尽头。当你完全懂得了'成功永远没有尽头'这句话的含义时，生活之美也就向你展开了她迷人的笑容。"

阿里巴巴董事局主席马云也曾说："我从来没有认为自己是个成功的人，我想如果哪一天有人承认自己是成功的，那么也就意味着这个人开始走向失败。""我没有成功，我觉得我们远远没有成功，我们还是个很小的企业，但是我觉得最大的经验就是千万不要放弃，要勇往直前，不断地创新和突破，突破自己，直到找到一个方向为止，而且我觉得还有更重要的一点，我们今天面对将来的信心是来自我们前五年的残酷经验，我们坚信明天更加残酷。"

附 录

俞敏洪精彩语录

★既靠天，也靠地，还靠自己。

★运气不可能持续一辈子，能帮助你持续一辈子的东西只有你个人的能力。

★人生的奋斗目标不要太大，认准了一件事情，投入兴趣与热情坚持去做，你就会成功。

★为了不让生活留下遗憾和后悔，我们应该尽可能地抓住一切改变生活的机会。

★有些人一生没有辉煌，并不是因为他们不能辉煌，而是因为他们的头脑中没有闪过辉煌的念头，或者不知道应该如何辉煌。

★我们觉得这个世界浮躁，是因为我们的心浮躁；我们觉得这个世界平庸，是因为我们的心平庸。只要改变了心态，我们的生活就会不一样。

★上帝制造人类的时候就把我们制造成不完美的人，我们一辈子努力的过程就是使自己变得更加完美的过程，我们的一切美德都来自克服自身缺点的奋斗。

★所有的人都是凡人，但所有的人都不甘于平庸。我知道很多人是在绝望中来到了新东方，但你们一定要相信自己，只要艰苦努力，奋发进取，在绝望中也能寻找到希望，平凡的人生终将会发出耀眼的光芒！

★生命，需要我们去努力。机会，需要我们去寻找。让我们鼓起勇气，运用智慧，把握我们生命的每一分钟，创造出一个更加精彩的人生。

★我不是一个传奇人物。我觉得人们以及大众传媒对于传奇人物的定义不对，只要一个人做了一点点事情，就被冠以"传奇人物"的头衔。我觉得传奇人物应该指违反了物理或化学定律还在那里自由自在生活的人。

★人生的起点没有办法选择，所有人的起点都不一样，但是坦白说人生的终点是可以由我们自己去选择的。你要设计怎样的程序，打开怎样的生命界面，要看自己是怎样的系统。在这个世界永远不可能是枪指挥脑袋，是脑袋指挥枪。你能走多远，主要是看你的脑袋指挥你走了多远。

★人生奋斗是一辈子的过程。齐白石先生50岁的时候还在做木工，他做木工绝对不是一个出色的木工，据说他打的椅子只要往上一坐就散架了。但是他在家具上画的画却是如此美丽，以至于家家户户请他到自己的家具上去画画。有人就跟他建议说干脆去画画吧。结果一画画到70岁以后，他才开始有了名气。齐白石值钱的画都是在他80岁到90岁之间画出来的。

★人是最害怕承认自己缺点的。由于害怕承认缺点，所以就意识不到自己的缺点，也就改正不了自己的缺点。人的进步不是发扬自己优点的结果，而恰恰是改正自己缺点的结果。优点只要保持就行了，发扬了会过分。慷慨过分了就变成浪费，节约过分了就变成小气，努力学习过分了就变成了积劳成疾。所以优点只要保持就行了。想取得进步，就必须改正自己的缺点。

★笨的人并不等于没有成就的人，只要具备两样东西，他就能够像阿甘一样总有收获。这两样东西一是目标，二是坚持。有了它们成就自然会随之而来，就算没有成就也有收获，因为你毕竟有了与众不同的经历。因此，笨有笨的好处。意识到自己笨，正是聪明的开始；意识到自己因为笨所以要努力，是迈向成功的开始；意识到自己因为笨所以要专心超常地努力，是取得成就的开始；意识到自己因为笨不仅仅需要超常努力，还需要心平气和地给自己足够的时间和耐心，是成为天才的开始。

★没有困难的人生就像温室里的花朵，永远不可能有远行万里，欣赏世界的机会，也永远不可能有迎接风雨、茁壮成长的力量。

★我们任何一个人的生命和其他人的生命都不会相同，我们的出身不同，生长的环境不同，个性和脾气不同；但伟大的生命一定会有相同的地方，那就是伟大的梦想、克服困难的勇气和坚韧不拔的精神。

★我做事情的时候会对自己有一个要求：要做对自己有好处对别人也有好处的事情。别人并不仅仅指我的家人，也指整个社会中的成员。有了这个前提我就不会在遇到对自己有好处的事情时就拼命干，我一定会有更多的考虑因素。对于正确的价值体系，我要时时遵循，而不仅仅停留在口头。

★每条河流都有一个梦想：奔向大海。长江、黄河都奔向了大海，方式不一样。长江劈山开路，黄河迂回曲折，轨迹不一样，但都有一种水的精神。水在奔流的过程中，如果像泥沙般沉淀，就永远见不到阳光了。

★谁说"机会面前，人人平等"，新东方相信，个人奋斗制胜，攫取成功的精神财产将永远贫富不均。在浩瀚的生命之岸，你应该自豪地告诉世界，你追求过，你奋斗过，你为了辉煌的人生从来没有放弃过希望，从来没有停止过拼搏。而这个造就了万物的世界也将自豪而欣慰地回答你：只要奋斗不息，人生终将辉煌。

★真正的朋友，一定是在价值体系、兴趣爱好方面跟我相投或者是能让我学习的人。虽然我没什么本领，但是我交到的朋友都是水平比我高的人，从这些朋友身上，我可以学到很多东西。

★新东方真正开始腾飞是在我搭建了一个新东方的基础之后，把国外的一批朋友邀请回来的结果。而这一批朋友，大部分都是我在北大时认识的。在北大时我学习成绩不好，所以一般不是以领导者的身份去与人交朋友，而是以请教者和学生的身份，即用一种谦卑的态度去接近别人。只要你不提太过分的要求，别人都愿意接纳你进入他们的圈子，所以我就进入了一些人的圈子。

★在我们的生活中最让人感动的日子总是那些一心一意为了一个目标而努力奋斗的日子，哪怕是为了一个卑微的目标而奋斗也是值得我们骄傲的，因为无数卑微的目标积累起来可能就是一个伟大的成就。金字塔也是由每一块石头累积而成的，每一块石头都是很简单的，而金字塔却是宏伟而永恒的。

★人的一生是奋斗的一生，人的一生分成琐碎和伟大。如果我们有一个伟大的理想，我们有一颗善良的心，我们一定能把很多琐碎的日子堆砌起来，变成一个伟大。但是如果你每天庸庸碌碌，没有理想，从此停止进步，那未来你一辈子的日子堆积起来将永远是一堆琐碎。

★光有奋斗精神是不够的，还需要脚踏实地一步一步地去做。要先分析自己的现状，分析自己现在处于什么位置，到底具备什么样的能力，这也是一种科学精神。你给自己定了目标，你还要知道怎么样去一步一步地实现这个目标。从某种意义上说，树立具体目标和脚踏实地地去做同等重要。

★要引人敬意，就要研究一个非常专业的领域，在那个领域中，你是最顶尖的，至少是中国前十名，这样无论任何时候你都有话说，有事情可做。

★做人要大方、大气，不放弃！

★心中平，世界才会平。世界上没有绝对的公平，公平只在一个点上。

★出于同情心和面子做的事，几乎都会失败。

★人生最重要的价值是心灵的幸福，而不是任何身外之物。

★艰难困苦是幸福的源泉，安逸享受是苦难的开始。

★从自卑中间走向自信的人是真正的自信，从一开始就盲目自信的人其实没有自信。

★年纪大了，人们看重的不再是外表，不是你帅不帅，而是看你的魅力、你的气魄、你的气概。

★让我们全心全意地收获生活的每一天，在平凡的日子里感受生命的美好，在耕耘里感受劳动的快乐和收获的期待。

★名次和荣誉，就像天上的云，不能躺进去，躺进去就跌下来了。名次和荣誉其实是道美丽的风景，只能欣赏。

★命运可以改变，习惯成自然，自然成个性，个性成命运。说到底，运气是由自己控制的，老天也有规律，天道酬勤。

★如果你要引人注目，就要使得自己成为一棵树，傲立于大地之间，而不是做一棵草。你见过谁踩了一棵草，还抱歉地对草说：对不起？

★当你是地平线上一棵草的时候，不要指望别人会在远处看到你，即使他们从你身边走过甚至从你身上踩过，也没有办法，因为你只是一棵草；而如果你变成了一棵树，即使在很远的地方，别人也会看到你，并且欣赏你，因为你是一棵树！

★为什么你不要自傲和自卑？你可以说自己是最好的，但不能说自己是全校最好的、全北京最好的、全国最好的、全世界最好的，所以你不必自傲；同样，你可以说自己是班级最差的，但你能证明自己是全校最差的吗？能证明自己是全国最差的吗？所以不必自卑。

★生活中其实没有绝境。绝境在于你自己的心没有打开。你把自己的心封闭起来，使它陷于一片黑暗，你的生活怎么可能有光明！封闭的心，如同没有窗户的房间，会让人处在永恒的黑暗中。但实际上四周只是一层纸，一捅就破，外面则是一片光辉灿烂的天空。

★生命中需要等待，但是不能被动去等待，一定要主动。人生中有困境是不可避免的，当我们身处困境的时候，不要抱怨，考虑我能得到什么，这是一个主题。永远不要认为困境会一辈子跟着你，曼德拉被困了那么多年，最终还是解放了南非，成为第一位黑人总统。

★学英语好比学鸟叫，你在树林里学鸟叫，当有四只鸟落在你肩上时，说明你过了英语四级；当有六只鸟落在你肩上时，说明你过了英语六级；当有许多鸟落在你肩上，说明你成了鸟人。

★潇洒和豁达是人生很重要的一种态度。要知道这个世界上有两个东西不会变：第一是世界运行规律不变，日出、日落是恒久的；第二就是人性不会变，人性中的自私、贪婪不会变，但是同情心和良心也不会变。不管这个社会怎么变，同情心和良心始终是做人的底线。在我的概念中，潇洒是以出世的态度来做入世的事情。我们要做到超然，这样也就没有了怨恨。

★这个世界上有很多天才，天才是用来欣赏的，不是用来攀比的。

★成功没有尽头，生活中的艰难困苦对我们的考验没有尽头，在艰苦奋斗后我们所得到的收获和喜悦也没有尽头。当你完全懂得了"成功永远没有尽头"这句话的含义时，生活之美也就向你展开了她迷人的笑容。

★人最大的痛苦是什么？就是你有了一个更加容易的选择，往往就会往更加容易的选择上去走。更加容易的选择往往导致你降低自己的人生目标和标准。当初如果有农民工的话，我就不会那么辛苦地去考大学，因为考大学肯定比当农民工更加难。但是，当你发现一个更加难的事情通过自己的努力也能达到，更加难的目标就值得你去努力。

★一个人摔倒了十次，就再也不愿意爬起来了，他就永远是失败，但是他哪怕是摔倒了一万次，他一万零一次继续站起来往前走，实在站不起来了，爬也要爬着往前走，这就叫成功。

★人最怕的就是，哪儿有机会就往哪儿蹿。我在美国有两个朋友都是学建筑的，当时面临两个困境：一个是工作难找，因为美国该造的楼全造完了；第二个是找到工作以后工资很低，到一个建筑事务所去工作也就是 3 万美元一年。刚好那几年全世界电脑热兴起，凡是学电脑的，工资都能拿到八到十万美元，其中有一个人，转学了电脑，等到他电脑学完了的时候，刚好碰上美国IT 泡沫崩溃，结果又找不到工作了。那个学建筑的同学也毕业了，他回到了中国，在中国现在正是一个建筑设计的时代，所以他很快就变成了设计主力，现在他的年薪加奖金，大概能拿到 150万元人民币。如果说你因为外界的某种诱惑心动了，有的时候你的损失更大。

★有一次我在黄河边上走的时候，我灌了一瓶子水。大家知道黄河的水特别浑，后来我就把它放在路边，大概有一个小时，我非常吃惊地发现，一瓶水的四分之三已经变得非常清澈了，而只有四分之一是沉淀下来的泥沙。假如我们把这瓶水的清水部分比喻成我们的幸福和快乐，而把浑浊的泥沙比喻成我们的痛苦的话，你就明白了，当你摇晃一下以后，你的生命中整个充满的是浑浊，也就是充满痛苦和烦恼，但是当你把心静下来后，尽管泥沙总的分量一点都没有减少，但是它沉淀在你的心中，因为你的心比较沉静，所以就再也不会被搅和起来，因此你生命中的四分之三就一定是幸福和快乐。

★一个厨师做出了美食，如果只是为了自己享用，那将没有任何快乐可言，只有当别人品尝并赞美他所做出的美食时，他才会感到无比的快乐。一个人买了一束玫瑰花，如果只能送给自己，那意味着他的生活一定冰冷孤独，玫瑰花也会因此黯然失色。因此，不管你如何强调为自己而活，实际上却是为别人活着。

参考文献
CANKAOWENXIAN

[1] 优米网.俞敏洪口述：在痛苦的世界中尽力而为[M].北京：当代中国出版社，2012.

[2] 未名.俞敏洪的人生江湖[M].贵阳：贵州人民出版社，2011.

[3] 郭亮.与世界对话：俞敏洪的"蜗牛"人生[M].杭州：浙江大学出版社，2011.

[4] 王宇.俞敏洪新东方管理日记[M].北京：中国铁道出版社，2010.

[5] 俞敏洪.生命如一泓清水[M].北京：群言出版社，2011.

[6] 俞敏洪.永不言败[M].北京：群言出版社，2011.

[7] 俞敏洪.从容一生[M].北京：群言出版社，2010.

[8] 孙蕴洪.新东方俞敏洪生意经[M].北京：中国画报出版社，2010.

[9] 朱承尧.俞敏洪创业启示录[M].北京：人民邮电出版社，2010.

[10] 张翼，乔虹.俞敏洪管理日志[M].北京：中信出版社，2010.

[11] 王静.新东方教父：俞敏洪[M].山东：青岛出版社，2009.

[12] 冯雷钢.和俞敏洪一起创业[M].北京：中国工人出版社，2009.

[13] 周锡冰.俞敏洪教你创业[M].北京：中国经济出版社，2009.

[14] 《我们》栏目组.大智若俞：俞敏洪谈职场奋斗与人生成功[M].北京：当代中国出版社，2009.

[15] 谢文辉.俞敏洪：新东方风暴[M].北京：中国民主法制出版社，2009.

[16] 郭亮，黄晓.俞敏洪传奇：从草根到精英的完美[M].北京：机械工业出版社，2008.

[17] 俞敏洪.挺立在孤独、失败与屈辱的废墟上[M].北京：群言出版社，2008.

[18] 宁泊.俞敏洪如是说[M].北京：中国经济出版社，2008.

[19] 《赢在中国》项目组.俞敏洪创业人生[M].北京：中国民主法制出版社，2008.

[20] 俞敏洪.在绝望中寻找希望：俞敏洪写给迷茫不安的年轻人[M].北京：中信出版社，2014.

[21] 俞敏洪.挺立在孤独、失败与屈辱的废墟上[M].北京：世界知识出版社，2003.

[22] 陈秋苹.成长中的烦恼[M].南京：南京大学出版社，2007.

[23] 胡卫，方建锋.民办学校的运营[M].北京：教育科学出版社，2006.

[24] 卢跃刚.东方马车：从北大到新东方传奇[M].北京：光明日报出版社，2002.

[25] 俞敏洪.生命的北斗星[M].北京：世界图书出版公司，2005.

[26] 张立勤.中国民办教育生存报告[M].北京：中国社会科学出版社，2004.

[27] 张远冰.从农民到留学教父[M].北京：中国盲文出版社，2003.

[28] 新东方官方博客[OL].http://blog.sina.com.cn/xindongfang

[29] 目标的威力：瘦子与胖子的比赛[OL].校迅通博客，2009.

后记
HOUJI

俞敏洪带给我们的是一种境界，是谦虚的，是上进的，是有梦想的。正像俞敏洪回首走来的一路所感言的："人生就是这样，你不受这个苦就会受那个苦。一个人如果从苦中能找到乐和幸福，那他就是幸运的。……我深刻地意识到什么也不做的痛苦比任何其他痛苦更加深刻，所以我一定要做事，做事的标准就是必须做对社会有好处的事情。以最大的努力在痛苦的世界中尽力而为。"

为了让大家看到一个全面、真实的俞敏洪，在本书的写作过程中，笔者收集了关于俞敏洪经历的大量资料，包括以前我们出版过的相关图书。本书在写作的过程中，很多资料的收集也得益于这些书籍中的宝贵资料，提供了很多之前本人不太了解的东西，特在此表示感谢！同时由于本书中一些引用没能及时联系原作者，虽然在文中进行了标注，但是如有建议和意见的作者希望能够及时与我们联系，我们将诚恳地接受宝贵意见。

本书用生动活泼的语言演绎了很多人物之间的对话，将人物的原貌生动地展现在读者面前，这也是本书区别于其他俞敏洪相关图书的一大特点。

在本书写作过程中，笔者查阅、参考了大量关于俞敏洪的众多文献资料，部分精彩文章未能正确注明来源，希望相关版权拥有者见到本声明后及时与我们联系，我们都将按相关规定支付稿酬。在此，深深表示歉意与感谢。

由于本书字数多，工作量巨大，在写作过程中的资料搜集、查阅、检索得到了我的同事、助理、朋友等人的帮助，在此对他们表示感谢，他们是王槐荣、苏少兵、胡锡燕、陈南峰、何琳丹、王亚春、文秀婷、王忠文等，感谢他们的无私付出与精益求精的精神。